中西太平洋鲣鱼渔情预报研究

陈新军　方　舟　陈洋洋
郭立新　汪金涛　李　楠　著

科学出版社

北　京

内 容 简 介

鲣鱼是重要的金枪鱼种类,其产量是世界金枪鱼类产量中最高的。中西太平洋是金枪鱼围网渔业最为重要的作业海域。本书重点分析 1995~2014 年鲣鱼渔场的时空分布及其变化;利用传统分析方法和机器学习方法分析环境因子对鲣鱼中心渔场的影响;将捕捞努力量和 CPUE 作为渔场预报指标,利用人工神经网络等方法建立不同气候条件下的中心渔场预报模型;针对中西太平洋鲣鱼渔场空间分布极易受厄尔尼诺事件和拉尼娜事件影响的现象,建立基于海面温度的入渔指数模型,为中西太平洋鲣鱼围网渔业的科学生产提供依据。

本书可供海洋生物、水产和渔业研究等专业的科研人员,高等院校师生及从事相关专业生产、管理部门的工作人员使用和阅读。

GS(2020)6305 号

图书在版编目(CIP)数据

中西太平洋鲣鱼渔情预报研究 / 陈新军等著. —北京:科学出版社,
2022.6

ISBN 978-7-03-072031-3

Ⅰ.①中…　Ⅱ.①陈…　Ⅲ.①太平洋–远洋渔业–鱼类–渔情预报–研究　Ⅳ.①S934.181

中国版本图书馆 CIP 数据核字 (2022) 第 055400 号

责任编辑:韩卫军 / 责任校对:彭　映
责任印制:罗　科 / 封面设计:墨创文化

科学出版社 出版

北京东黄城根北街16号
邮政编码:100717
http://www.sciencep.com

四川煤田地质制图印刷厂印刷

科学出版社发行　各地新华书店经销

*

2022 年 6 月第 一 版　　开本:787×1092 1/16
2022 年 6 月第一次印刷　　印张:7 3/4
字数:190 000
定价:98.00 元
(如有印装质量问题,我社负责调换)

前　　言

鲣鱼是世界上重要的中上层鱼类，是目前最具开发潜力的种类之一。围网是捕捞鲣鱼的重要作业方式。中西太平洋是世界鲣鱼围网的重要作业渔场，年产量稳定在 200×10^4 t 左右。中国鲣鱼围网渔业起步于 2001 年，目前已发展为年产量约为 15×10^4 t 的重要产业。中西太平洋各国对鲣鱼资源管理日趋严格，不仅实行限制作业天数的管理制度，而且还不断提高每天的入渔费，因此利用现代化的技术与装备建立陆海空一体化的鲣鱼鱼群侦察新技术是提高鲣鱼围网捕捞效率的重要手段，也是确保中西太平洋鲣鱼围网渔业可持续发展、鲣鱼资源可持续利用和科学管理的重要研究课题。

在国家重点研发计划(2019YFD0901404)和上海市科技创新行动计划(10DZ1207500)等项目的支持下，本书围绕中西太平洋鲣鱼围网渔业的渔情预报(渔场预报、资源丰度预报及入渔决策)这一重大问题进行了较为系统的研究，取得了一些重要的创新成果。本书共分 6 章。第 1 章为绪论，介绍了鲣鱼渔业概况、渔业生物学概况，以及中西太平洋鲣鱼渔场与相关因子的关系。第 2 章为中西太平洋鲣鱼渔场时空分布特征，重点分析了鲣鱼历年产量和平均单位捕捞努力量渔获量(catch per unit effort，CPUE)变化规律、产量重心的年度和月度变化以及聚类分析，分析了不同渔区 CPUE 的差异及其原因。第 3 章为中西太平洋鲣鱼中心渔场与环境因子的关系，利用广义加性模型、提升回归树等方法研究了中心渔场的适宜环境因子。第 4 章为中西太平洋鲣鱼中心渔场预报模型，基于 BP 神经网络、栖息地适应性指数模型等方法建立中西太平洋鲣鱼渔场预报模型，探讨不同气候条件下中西太平洋鲣鱼渔场预报问题。第 5 章为中西太平洋鲣鱼入渔指数模型，提出基于 Nino 3.4 区的海面温度异常(sea surface temperature anomaly，SSTA)和作业海域海面温度(sea surface temperature，SST)的入渔指数模型。第 6 章为极端气候对鲣鱼资源丰度的影响及其预测模型，分析了厄尔尼诺事件和拉尼娜事件期间鲣鱼栖息地分布特征，以及厄尔尼诺事件和拉尼娜事件对鲣鱼资源丰度的影响，基于灰色系统理论建立中西太平洋鲣鱼资源丰度预测模型。

由于时间仓促，覆盖内容广，国内同类的参考资料较少，本书难免会存在疏漏，望读者提出批评和指正。

目　　录

第1章 绪 论

鲣鱼(*Katsuwonus pelamis*)属鲈形总目、金枪鱼亚目、金枪鱼科、鲣属,鲣鱼广泛分布于太平洋、大西洋及印度洋的热带、亚热带及亚寒带海域,其中主要分布于中西太平洋,其捕捞以围网作业为主。近年来,中西太平洋的鲣鱼年产量平均在 200×10^4t 左右,约占世界鲣鱼总产量的 60%以上。我国自 2001 年开始在中西太平洋进行鲣鱼围网捕捞作业,年产量在 15×10^4t 左右,目前已成为主要的鲣鱼围网渔业国家。

我国中西太平洋鲣鱼围网渔业在发展过程中面临着以下几个重大问题:①对中心渔场把握不准导致单船产量较低,目前其产量仅为产量最高的韩国作业船队的 70%~80%;②南太平洋岛国实行限制作业天数的管理规定(中西太平洋总作业天数为 28000d,我国单船每年作业天数为 250d 左右),导致有效作业天数利用率低,经济效益下降;③中长期鲣鱼资源和空间分布无法预测,导致渔获配额购置盲目性加大,盲目地入渔不仅浪费了缴纳的入渔费(通常每艘捕捞船每天缴纳 1 万多美元的入渔费),而且严重影响捕捞产量,从而使鲣鱼围网渔业的整体效益出现下滑。这些问题严重制约了我国中西太平洋鲣鱼围网渔业的可持续发展。

渔情预报是渔场学研究的重点内容,也是渔场学基本原理和方法在渔业生产中的综合应用。借助海洋卫星遥感等技术手段,国内外多个机构已对部分远洋鱼种进行了渔情预报的业务化运行。为此,本书根据太平洋共同体秘书处(Secretariat of the Pacific Community,SPC)获取的中西太平洋鲣鱼的生产数据,将围绕上述三个关键技术问题进行攻关,通过分析海洋环境与鲣鱼资源、渔场分布之间的关系,开发中长期和短期渔情预报分析与入渔决策系统,提高鲣鱼资源量预测、寻找中心渔场的准确性,创新性地建立具有指导性的鲣鱼围网渔业渔情预报体系。

1.1 鲣鱼渔业概况

鲣鱼在世界金枪鱼渔业中占有极其重要的地位(Collette and Nauen,1983),中西太平洋海域是捕捞鲣鱼的主要作业渔场(陈新军和郑波,2007)。我国于 2000 年开始在该海域进行金枪鱼围网作业(陈新军和郑波,2007),现已成为中西太平洋金枪鱼围网的主要捕捞国家和地区之一。该海域鲣鱼资源量丰富,各国家和地区加强了对该资源的开发和保护(王学昉等,2009)。为了更好地利用和管理该海域的鲣鱼资源,需要充分了解鲣鱼渔业的现状,为国内学者开展鲣鱼的研究提供基础。

作为金枪鱼中重要的一个种类,鲣鱼在当前全球金枪鱼渔业中有着举足轻重的地位,历年产量占金枪鱼捕捞总产量的 70%以上。20 世纪 60~80 年代，鲣鱼渔业大规模商业化捕捞先后在东太平洋以及大西洋、中西太平洋海域和印度洋海域展开。目前，世界上 65%的鲣鱼捕获量来自西太平洋海域，20%来自印度洋海域，剩余的 15%几乎都来自捕捞量相近的东太平洋以及大西洋区域(靳少非和樊伟，2014)。

鲣鱼的全球捕捞量在 60 多年来呈显著增长趋势(图 1-1)。2003 年，鲣鱼全球捕捞量首次突破 200×10^4t，且 2003 年以后，全球鲣鱼捕捞量均保持在 200×10^4t 以上，2006 年又突破 250×10^4t，2013 年全球鲣鱼捕捞量达到最高，首次突破 300×10^4t，随后有所下降，但仍高于 250×10^4t(图 1-1)。在不同的海区，鲣鱼的捕捞产量也有很大不同。从图 1-1 可以看出，历年中西太平海域鲣鱼捕捞量占全球捕捞量的比例均很高，从 1986 年开始就已超过全球鲣鱼产量的 50%，之后均维持在 50%~60%，并依旧呈现上升趋势。

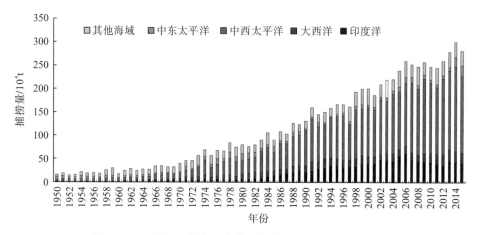

图 1-1　20 世纪 50 年代以来全球各海区鲣鱼捕获量分布图

目前，鲣鱼的主要捕捞国家为日本、韩国、美国、中国。其中，日本开发鲣鱼的时间最早，其捕捞量也最大。针对鲣鱼的活动特点，目前主要捕捞方式为围网、竿钓和延绳钓。根据 2017 年太平洋共同体秘书处海洋渔业署的资源状况报告表明，中西太平洋鲣鱼围网作业产量占总产量的 77%，竿钓产量和延绳钓产量分别占总产量的 9%和不到 1%(Brouwer et al.，2017)。报告显示，2016 年和 2015 年中西太平洋鲣鱼总产量分别为 178.6×10^4t 和 179.7×10^4t，虽低于 2014 年的 200.2×10^4t，但仍处于较高水平，同时资源量也处在较高的水平(Brouwer et al.，2017)。

1.2　鲣鱼渔业生物学概况

1.2.1　年龄与生长

目前，通常利用钙化的硬组织来进行鱼类的年龄鉴定和估算。大量鱼类的年龄鉴定以鳞片为主、耳石为辅(王学昉等，2009)。鲣鱼个体较大，头盖骨较硬，耳石的提取相对比较困难，同时其表面的鳞片没有明显的分化结构，无法进行年龄鉴定，因此耳石和鳞片均不是年龄鉴别的最佳材料。鲣鱼坚硬的脊椎骨和背棘则成为首选的研究材料。Aikawa(1937)、Chi 和 Yang(1973)利用脊椎骨研究鲣鱼的年龄，取得了较好的结果；通过对比利用不同材料的研究认为，脊椎骨在排除年轮之间的不一致现象的前提下，可以作为年龄鉴定的材料；而将背鳍鳍棘制作成 0.5~1.0mm 的薄片并覆油冷冻，其生长轮纹均可以清晰地呈现(Batts，1972)；在比较后也认为，鲣鱼背鳍鳍棘用于鉴别年龄较脊椎骨效果更好(Chur and Zharov，1983)。一些学者如 Uchiyama 和 Struhsaker(1981)也尝试利用耳石日轮研究鲣鱼的年龄组成，但目前利用骨骼材料研究鲣鱼年龄的研究仍为主流。

对于采用这 3 种材质来鉴定鲣鱼年龄的方法准确性仍存在较大的争议，如 Josse 等(1979)认为骨骼结构的年龄鉴定结果无法核实。在利用相同材料研究的前提下，鉴定结果也有偏差。有学者认为鲣鱼脊椎骨的截面每年只形成 1 个轮纹(Aikawa，1937)，而也有学者认为每年可形成 2 个轮纹(Chi and Yang，1973)。Wild 和 Foreman(1980)利用耳石研究发现，多数鲣鱼的耳石轮纹并不满足"一日一轮"的规律，这使鲣鱼年龄鉴定的结果具有不可信性。由此可见，鱼种的不同导致其各项硬组织结构存在差异，在鉴定鱼类的年龄研究中，需要不断尝试选择合适的研究材料。

相比鲣鱼年龄鉴定，估算鲣鱼的生长就要简单很多，最常使用的两种方法是标志放流法与体长频度法。利用这两种方法估算鲣鱼生长，国内外已有很多学者做了相关研究，不同学者利用冯·贝塔朗飞(Von Bertalanffy)生长方程估算了鲣鱼生长的各项参数(表 1-1)。

表 1-1　鲣鱼 Von Bertalanffy 生长方程参数比较

来源	海域	L_∞	K	t_0	方法
Josse 等(1979)	巴布亚新几内亚	654.7	0.9451	*	标志放流法
	东太平洋	790.6	0.6371	*	标志放流法
Yao(1981)	日本东南部海域	766	0.6	-0.31	体长频度法
王学昉等(2009)	中西太平洋海域	706.51	0.64	-0.037	体长频度法

注：L_∞为极限体长，K 为瞬时相对生长速率，t_0 为叉长为 0 时的理论年龄，*为原文中没有估算 t_0

1.2.2　性比与成熟

Marr(1948)、Brock(1949)、Schaefer 和 Orange(1956)分别对太平洋马绍尔群岛北部海域、夏威夷海域和东太平洋海域鲣鱼的性别比率(雌:雄)(后简称性比)进行研究，得出其平均性比分别为 1:1.60、1:1.16 和 1:0.73；Raju(1964)对菲律宾海域鲣鱼进行研究，发现其性比小于 1，且在研究样本中大龄雄鱼占比较大。鲣鱼的性比也会随着个体的生长和成熟而发生变化。一般说来，性未成熟个体中雌性较多，而性成熟的产卵群体中大多为雄性。不同的捕捞作业方式也会直接导致性比的差异，如捕捞以性未成熟群体为主的手工渔业，其雌性占比也较大(王学昉等，2009)。

估算鱼类首次性成熟体长对于研究鱼类的生长、产卵、发育、估算补充量以及对该鱼种的资源评估都有着重要的意义。已有很多学者对鲣鱼的首次性成熟体长做了相关研究，目前有两种观点：一种观点认为 400～450mm 是鲣鱼初次性成熟体长区间，如 Marr（1948）研究马绍尔群岛海域鲣鱼，发现雌性体长达到 400mm 时就已经开始排卵；夏威夷海域的鲣鱼在体长为 400～450mm 就已经怀卵（Brock，1949）；另外一种观点认为，鲣鱼达到初次性成熟所对应的体长约为 550mm，如墨西哥下加利福尼亚州海域的鲣鱼（约 550mm）和美洲中部海域的鲣鱼（约 500mm）。

1.2.3 摄食

鲣鱼为中上层鱼类，常常集群进行大范围的洄游，在某一区域停留时间较短（王学昉等，2009）。其摄食主要在早晨和傍晚，摄食量与体重有着较大的关系。鲣鱼主要捕食各种鱼类（中上层鱼类和岩礁鱼类）、甲壳类、头足类等，海洋环境条件是影响鲣鱼食物组成的主要因素之一（Bernard et al.，1985），在不同的海域捕食种类存在较大的差异，因此鲣鱼也是典型的随机掠食者。由于不同时期个体生长的需求差异，鲣鱼摄食的种类和个体大小也表现出明显的区别。在鲣鱼幼鱼时期，主要摄食其他鱼类、甲壳类和头足类仔鱼（胴长为 20～66mm）（Aoki，1999）；随着其个体的生长，甲壳类在食物组成中的占比不断下降，而如头足类等软体动物逐渐成为其主要的食物来源（Batts，1972）。也偶有发现鲣鱼摄食其仔鱼（叉长 20～140mm）的情况（Bernard et al.，1985），但此现象并不常见，也会随海域和季节等情况有所变化（Ankenbrandt，1985）。

1.3 中西太平洋鲣鱼渔场与相关因子的关系

1.3.1 鲣鱼渔场与厄尔尼诺-南方涛动相关关系的研究

厄尔尼诺-南方涛动（El Nino and southern oscillation，ENSO）现象是引起全球气候变化的最强烈的海-气相互作用现象（翟盘茂等，2000；巢纪平，2002），对世界渔业会产生重大的影响。在厄尔尼诺事件发生期间，赤道太平洋的气压、海面高度、海流、温跃层、营养盐、碳循环、初级生产力等渔场的环境发生明显改变（Chavez et al.，1999；Fedorov and Philander，2000；Turk et al.，2001），从而引起鱼类资源密度的空间变化。许多研究表明，厄尔尼诺事件对太平洋的金枪鱼渔业有显著影响（Lu et al.，1998；Lehodey et al.，1997；苗振清和黄锡昌，2003）。关于 ENSO 现象对鲣鱼资源量及渔场的影响，国内外学者也做了很多相关研究。郭爱等（2010）对中西太平洋鲣鱼时空分布及其与 ENSO 的关系进行探讨，发现鲣鱼主要产量分布在海面温度为 28～30℃的海域，尤以 29～30℃为主，以年为单位进行时间序列分析，发现高产区经度重心、平均经度较 ENSO 指数有一年的滞后。Lehodey 等（1997）发现，鲣鱼作业渔场会随暖池边缘 29℃等温线在经向上发生偏移。李政纬（2005）认为，29℃等温线东界会受 ENSO 现象影响，进而影响金枪鱼围网渔场的东西向分布。沈建华等（2006）、周甦芳（2005）和周甦芳等（2004）也对于中西太平洋鲣鱼渔场/时空分布与 ENSO 的关系做了相关研究，指出 ENSO 对中西太平洋鲣鱼围网渔场的空间分布有显著影响，厄尔尼诺事件发生时，鲣鱼围网单位捕捞努力量渔获量经度重心随暖池的东扩而东移，拉尼娜事件发生时则随暖池向西收缩而西移。汪金涛和陈新军(2013)使用最小欧氏距离的聚类分析方法对中西太平洋鲣鱼渔场重心的时空分布进行比较，并讨论渔场重心时空分布变化与 ENSO 指数的关系，研究表明 1990～2010 年 1～12 月渔场重心各不相同，在经度方向上，12 月～次年 4 月的鲣鱼渔场重心相对集中，分布在 142.26°～166.79°E，其余各月渔场重心较为分散，广泛分布在 138.33°～176.6°E 海域；在纬度方向上，渔场重心各月变化不大，分布在 4.78°S～3.51°N，同时以季度为时间单位进行序列分析发现，当 Nino 3.4 区海面温度异常值从低到高变化时，鲣鱼渔场重心也逐渐由西向东偏移。

1.3.2 鲣鱼渔场与表层环境因子的相关研究

海洋表层的环境因子，尤其是海面温度对鲣鱼渔场分布起着至关重要的作用(叶泰豪等，2012)。很多学者通过研究给出了中西太平洋鲣鱼渔场分布的最适海面温度范围(表1-2)。鱼类会对 0.25‰ 的盐度变化做出剧烈反应，海水的盐度变化会对鱼类的渗透压和浮游鱼卵的漂浮产生影响(何大仁和蔡厚才，1998)。鲣鱼生活在高温高盐的大洋海域，是一种狭盐性鱼类。黄锡昌和苗振清(2003)认为，鲣鱼喜欢栖息的盐度范围为 34.0‰～35.5‰；杨胜龙等(2010)认为中西太平洋鲣鱼的最适表层盐度上半年为 34.0‰～34.4‰，下半年为 34.0‰～35.2‰。叶泰豪等(2012)却认为表层水的盐度与鲣鱼渔获关系不密切，但渔获频次统计表明，在 200m 水层中，有 91.11% 的渔获出现在盐度为 34.1‰～35.5‰ 的海域中，而 200m 水层并不是鲣鱼活动的区域，却出现了可供选择渔场的盐度条件，其原因还有待研究。

表 1-2 中西太平洋鲣鱼渔场最适海面温度

来源	最适海面温度/℃
杨胜龙等(2010)	29.5～30
郭爱等(2010)	28.5～30
黄锡昌和苗振清(2003)	28～30.5
叶泰豪等(2012)	29.9～31

1.3.3 鲣鱼渔场与垂直结构因子的相关研究

鲣鱼作为高度洄游的小型金枪鱼，它们需要在水平分布上适应温度因子的大幅变化(Barkley et al.，1978)，而温度对其垂直移动范围也具有限制作用(Brill，1994)。垂向水温梯度的变化与鲣鱼行为的关系成为研究的重点(Brill et al.，1999；Brill and Lutcavage，2001；Swimmer et al.，2004)，即探究捕捞活动与海洋学特征的关系。以温跃层为例，世界上多个海域的相关研究已证实它们的特性会影响捕捞结果(Murphy and Niska，1953；Green，1967；Blackburn and Williams，1975；Evans et al.，1981)。例如，Blackburn 和

Williams(1975)指出在东太平洋海域温跃层顶界深度小于 40m 时，鲣鱼的丰度明显较高；而能够成功捕获到鲣鱼的网次所对应的温跃层顶界深度都小于 80m(Evans et al., 1981)。而对于中西太平洋，王学昉等(2013)认为，中西太平洋鲣鱼围网的捕获成功率与温跃层特性并不存在显著的相关性($P>0.05$)，并解释可能是当地渔场较深的温跃层顶界深度使得目标鱼种在网具到达温跃层之前拥有充分的逃逸时间和空间，从而导致温跃层内急剧变化的温度梯度失去了阻碍作用。Durand 和 Delcroix(2000)也指出西太平洋的温跃层深度远大于东太平洋。事实上，Brock(1949)曾提出这样的观点，认为金枪鱼表层渔业似乎都存在于那些混合层厚度相对较薄的海域，但是这种情况往往是许多大洋东部区域的稳定特征，而在其他海域可能会发生季节性的变化。

1.3.4　鲣鱼渔场与不同水层因子的相关研究

研究发现，中西太平洋鲣鱼资源分布也会受到不同水层因子影响。郭爱和陈新军(2009)利用栖息地适应性指数(habitat suitability index，HSI)模型，结合不同水层温度和温差数据，建立模型比较后认为，最大值法能更好地反映中心渔场分布和符合鲣鱼的分布特征；叶泰豪等(2012)对中西太平洋鲣鱼渔场与垂直水温结构做了研究，发现渔获量与 0m、20m、30m、50m、75m、125m、150m、200m、250m、300m 的水温等环境变量关系密切，并确定出选择中心渔场的垂直结构的温度：0m 水温为 29.9～31℃、20m 水温为 30.1～31.4℃、30m 水温为 30.3～31.3℃、50m 水温为 30.1～31.7℃、75m 水温为 29.8～31.7℃、125m 水温为 25.6～27.0℃、150m 水温为 22.8～27.1℃、200m 水温为 15.3～21.8℃、250m 水温为 12.5～15.4℃、300m 水温为 9.6～11.7℃。唐浩等(2013)利用广义加性模型(generalized additive models，GAM)研究环境因子对中西太平洋鲣鱼渔场的影响，研究结果发现鲣鱼作业渔场主要分布在 10°S～10°N、140～175°E 海域；适宜的海面温度为 28～30℃；适宜的海面高度为 70～100cm；适宜的叶绿素浓度为 0.01～0.20mg/m³。Barkley 等(1978)研究了水温与溶解氧对鲣鱼栖息环境的影响。

1.3.5　鲣鱼渔场与其他因子的相关研究

鲣鱼是大洋性洄游鱼类，其整个生活史也会受大洋环流的影响，因此也有学者研究了大洋洋流对鲣鱼渔场分布的影响，如 Beckley 和 Leis(2000)发现鲣鱼幼体在厄加勒斯洋流(Agulhas Current)处有最大值，此处可能为潜在鲣鱼产卵场；Sugimoto 和 Tameishi(1992)分析了日本近岸的黑潮(Kuroshio current)、亲潮(Oyashio current)以及对马海流(Tsushima current)交汇区等海流的强弱对鲣鱼分布的影响，发现暖水核心区的存在比较有利于鲣鱼的集群。

第2章　中西太平洋鲣鱼渔场时空分布特征

鲣鱼广泛分布于全球热带、亚热带及亚寒带海域，而中西太平洋海域的鲣鱼资源量丰富，是各国捕捞作业的主要渔场(Collette and Nauen，1983)。针对该海域开展相关的渔情预报工作对有效提高鲣鱼产量，减少盲目寻找渔场有积极的作用。渔汛期鲣鱼的分布情况是渔情预报的前提，而长时间序列的渔场空间分布及渔况分析是深入了解鲣鱼渔场的变化规律及渔业资源状况的主要手段。在以往的研究中，有的已经是多年前的研究(郭爱和陈新军，2005)，有的则仅仅根据我国相关的生产数据进行分析(陈新军和郑波，2007)，随着近年海洋环境的变化以及捕捞数据的健全，针对中西太平洋海域鲣鱼完整的渔场空间分布研究也急需进行。因此，本书利用1995~2014年太平洋共同体秘书处所提供的鲣鱼渔获数据，着重分析鲣鱼在长时间序列下的渔场时空分布情况，为后续资源量状况和渔情预报模型建立和分析提供相关基础资料。

中西太平洋鲣鱼生产统计资料来自太平洋共同体秘书处。该统计资料包含日本、韩国、中国、澳大利亚、美国、西班牙和南太平洋岛国等所有在此海域进行鲣鱼围网作业的国家和地区，统计内容包括年、月、经度、纬度、投网次数以及渔获量。SPC提供的数据库中，经纬度空间分辨率为5°×5°，统计区域为20°S~20°N、125°E~160°W。研究时间为1995~2014年。

CPUE可以作为表征鲣鱼资源密度的指标(汪金涛和陈新军，2013)，CPUE计算公式如下：

$$\text{CPUE} = \frac{\text{Catch}_{ymij}}{\text{Effort}_{ymij}}$$

式中，CPUE为单位捕捞努力量渔获量，单位为t/net；Catch_{ymij}为渔获量；Effort_{ymij}为捕捞努力量(即累计的作业总网次)；y为年；m为月；i为经度；j为纬度。

根据生产数据的特点，按纬度方向每5°统计纬度方向各海区渔获量分布情况(图2-1)。经统计分析，5°S~5°N、125°~175°E海域共计22个海区为最重要的作业海域，其渔获量约占总量的87.4%。因此本研究以5°S~5°N、125°~175°E海域的22个5°×5°海区作为分析对象，对不同年份和月份CPUE的差异进行分析。

根据不同年份和月份进行统计，分析历年、月渔获产量和平均CPUE的变化规律。根据不同经纬度统计历年产量，了解鲣鱼渔获在各年、月的主要作业海域和变化规律。通过产量的空间分布变化来显示作业渔场的时空分布，利用重心分析法计算1995~2014年各月份作业渔场的重心，其公式为(Sato and Hatanaka，1983)：

$$X = \sum_{i=1}^{j}(C_i \times X_i) / \sum_{i=1}^{j}C_i, \ Y = \sum_{i=1}^{j}(C_i \times Y_i) / \sum_{i=1}^{j}C_i \tag{2-1}$$

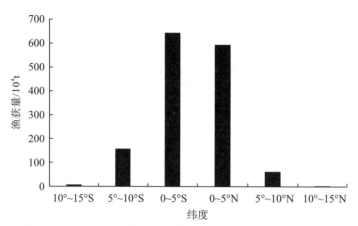

图 2-1　中西太平洋金枪鱼围网作业各纬度海区的渔获量分布图

式中，X、Y 分别为某一年度的产量重心的经度和纬度；C_i 为渔区 i 的产量；X_i 为某一年度渔区 i 产量重心的经度；Y_i 为某一年度渔区 i 产量重心的纬度；j 为某一年度渔区的总个数。

计算各年产量重心间的欧氏距离(Euclidean distance)，比较年间的变化情况(薛薇，2005)。欧氏距离计算公式为

$$D_{kl} = \sqrt{\left[(X_k - X_l)^2 + (Y_k - Y_l)^2\right]/2} \tag{2-2}$$

式中，D_{kl} 为 k 年与 l 年产量重心之间的距离；X_k、Y_k 分别为 k 年产量重心的经度和纬度；X_l、Y_l 分别为 l 年产量重心的经度和纬度。根据计算后的欧氏距离，将 1995~2014 年各年、月的产量重心按照最短距离法进行聚类，分析比较其变化差异(唐启义和冯明光，2006)。

根据不同年份和月份，统计 22 个渔区的 CPUE，利用双因素方差分析(two-way analysis of variance)进行研究(薛薇，2005)。首先利用 Levene 检验数据是否符合方程齐性，若不符合，则对 CPUE 进行对数转化，即 ln(CPUE+1)，使得该数值可以进行方差分析(杜荣骞，2003)；然后利用 Tukey 检验对显著性差异的值进行多重比较检验(杜荣骞，2003)，以研究中西太平洋鲣鱼 CPUE 在年份和经度，以及月份和经度上的差异。

上述分析均使用 MS Excel 2010 和 SPSS 19.0 软件进行分析。

2.1　鲣鱼历年产量和平均 CPUE 变化规律

1995~2014 年，相关渔船在中西太平洋海域捕获的鲣鱼有 1666.89×10^4t。历年的鲣鱼产量呈上升趋势，2001~2003 年、2004~2007 年以及 2011~2013 年产量均有较大幅度的提升，在其他的年份相对保持平稳；而由于捕捞努力量的变化，CPUE 在年间的波动较大 [图 2-2(a)]。1995~1996 年、2006~2010 年以及 2012 年 CPUE 均高于 14t/net，其中 1995 年 CPUE 达到了历年最高，为 16.01t/net。1997 年、2003~2004 年、2011 年和 2013 年的 CPUE 均低于 10t/d，其中 1997 年为历年最低值，仅为 6.10 t/net。

从月间变化来看，各月产量与 CPUE 均保持一致的变化趋势。1~5 月份，产量保持在 140×10^4t 以上，CPUE 均在 12t/net 以上，处于一年中较高的水平；从 6 月开始，产量

和 CPUE 随月份不断下降，至 9 月达到最低值（产量为 112.3×10^4t，CPUE 9.56t/net）。随后再次升高，10~12 月产量稳定在 135×10^4t 以上，CPUE 稳定在 11.5t/net 以上［图 2-2（b）］。由此可见，1~5 月为中西太平洋鲣鱼的主要渔汛期。

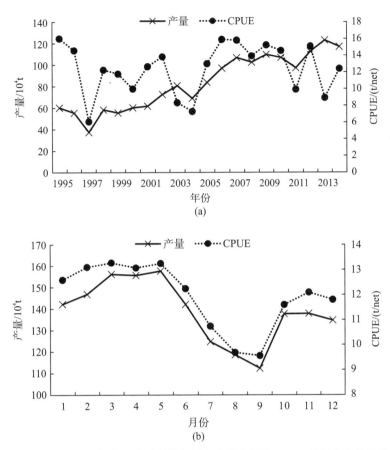

图 2-2　1995~2014 年中西太平洋鲣鱼历年产量和平均 CPUE 的年度和月度分布

自 20 世纪 50 年代开发鲣鱼资源以来，其历年产量均呈上升的趋势，在中西太平洋尤甚（靳少非和樊伟，2014）。从本书研究也可以发现，中西太平洋鲣鱼历年产量呈上升趋势，而与此同时 CPUE 的波动却很大，这可以说明，历年产量的增长主要是由捕捞努力量不断增长造成的（包括渔具渔法更新、作业船只和作业天数的增加）。CPUE 的大幅波动则主要是由海洋栖息环境的变化造成的（李国添，1997）。作为一种恒温性鱼类，周围海域环境的变化会对鲣鱼的生长、摄食等活动产生很大的影响，这也直接影响了其资源量的丰度（Turk et al.，2001）。目前针对鲣鱼的围网捕捞作业是全年性的，但是从本书研究中也可以发现各月的捕捞情况大有不同。上半年（主要为 1~5 月）的产量明显高于下半年，在第三季度（7~9 月）的产量最低，第四季度（10~12 月）处于中等水平，CPUE 的变化与产量变化一致。造成月间产量不均的情况主要是由于在 1~5 月主要作业区域位于中西太平洋暖池的中心，该海域的温度十分适宜鲣鱼的生长，因此该海域鲣鱼的资源丰度也较大，第一、二季度在此处作业的产量也相对较高；而下半年作业区域相对偏西，该海域相对远离暖池中心，因此鲣鱼资源丰度相对较低，产量也较低。

2.2 产量重心的年度和月度变化

中西太平洋鲣鱼渔场历年渔场重心变化明显。多数年份的渔场重心集中在 1°S～
0.5°N，152°～158°E。另外还有三组年份的渔场重心较为集中，分别为：1995～1996 年和
2003 年，渔场重心分布于传统渔场的西北部，为 0°～1°N，148°～152°E；2008 年和 2010～
2011 年，渔场重心分布于传统渔场的南部，为 1.5°～2.5°S，154°～156°E；2001～2002
年和 2014 年，渔场重心分布于传统渔场的东部，为 0°～1°S，160°E 附近［图 2-3（a）］。
以上渔场重心的变化主要是由年际间环境差异造成的。

从月份间重心变化可知，1 月渔场重心大约在 1.5°S，155°～156°E，随后逐渐向西
北方向移动，从 4 月之后开始向东移动，经度为 152°～153°E 移动至 158°E 左右，纬度
基本保持在 0°附近；自 9 月后，渔场重心向南移动，经度在 157°～158°E，纬度范
围主要在南纬海域，从 1°S 逐渐移动至 2°S。全年的渔场重心呈顺时针方向移动［图
2-3（b）］。

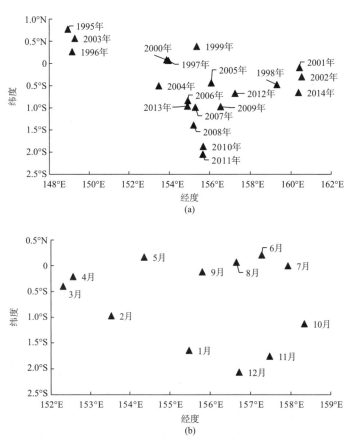

图 2-3 中西太平洋鲣鱼历年产量重心年度和月度变化

1995～2014 年月渔场重心变化如图 2-4 所示。从图中可以发现，年份间渔场各月重心变化很大，一些年份主要集中于 150°E 以西（1995 年和 1996 年），而一些年份集中于 155°E 以东（1998 年、2002 年和 2014 年），而其他的年份分布则相对比较分散，主要在 150°～160°E（图 2-4）。

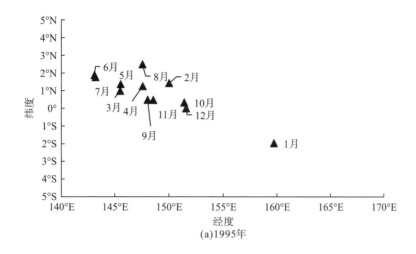

(a)1995年

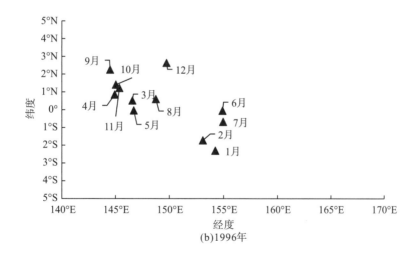

(b)1996年

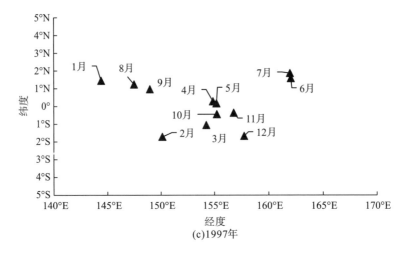

(c)1997年

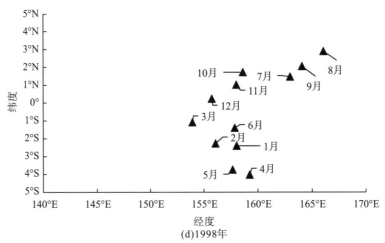

(d)1998年

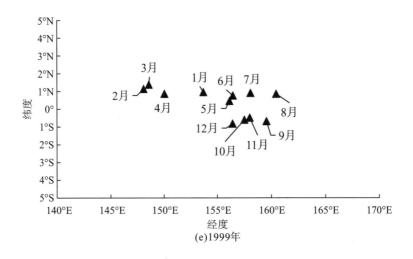

(e)1999年

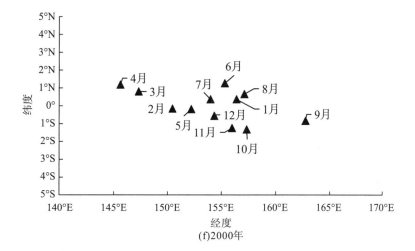

(f)2000年

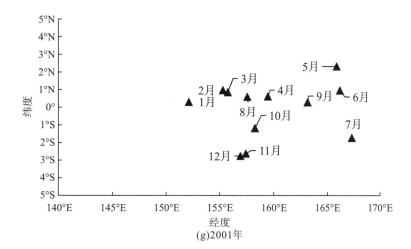

(g)2001年

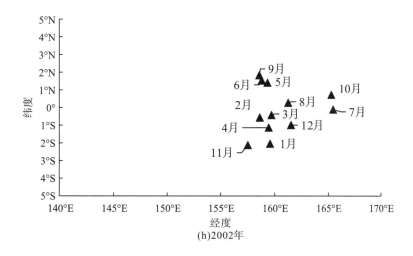

(h)2002年

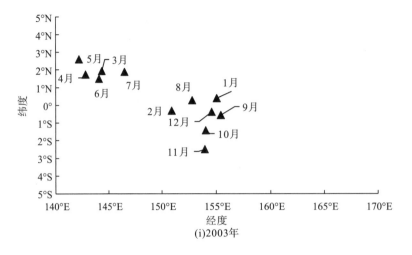

(i)2003年

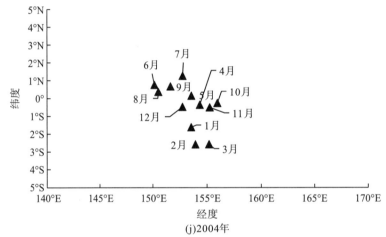

(j)2004年

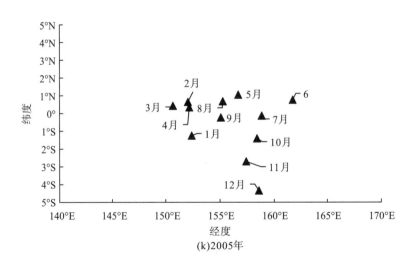

(k)2005年

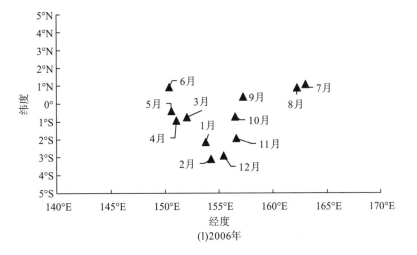

(l)2006年

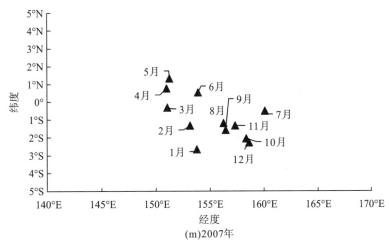

(m)2007年

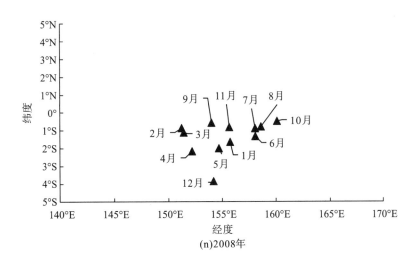

(n)2008年

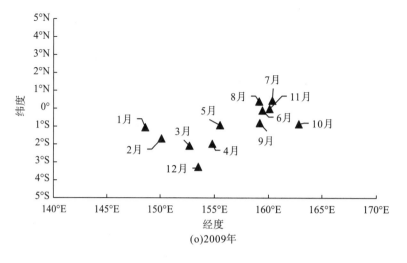

(o)2009年

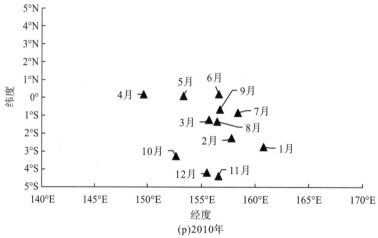

(p)2010年

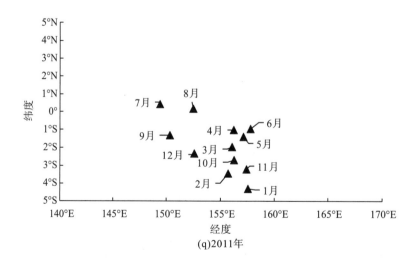

(q)2011年

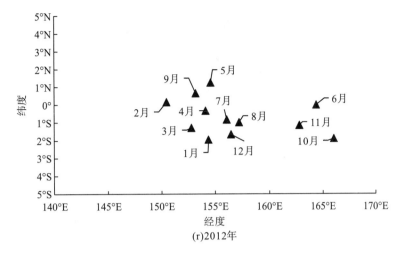

(r)2012年

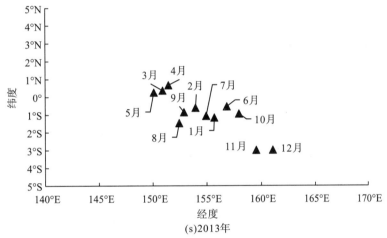

(s)2013年

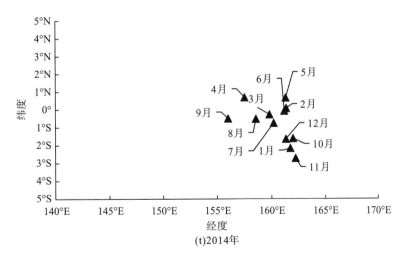

(t)2014年

图 2-4　1995～2014 年鲣鱼各月产量重心

中西太平洋鲣鱼的年间产量重心变化较大。1995 年、1996 年、2003 年的产量重心明显偏西，而 2001 年、2002 年、2014 年产量重心明显偏东［图 2-3(a)］。渔场重心聚类分析结果与上述分析一致，可以发现 CPUE 较高的年份(如 1995 年、1996 年)为一类，而 CPUE 较低的年份(如 1997 年、2004 年)为一类。这种变化主要是由厄尔尼诺-南方涛动 (ENSO)现象造成的暖池移动引起的。沈建华等(2006)认为，中西太平洋鲣渔获量重心在厄尔尼诺年位置比较偏东偏南，在拉尼娜年位置比较偏西偏北，这与本书研究较为一致。Lehodey 等(1997)发现，鲣鱼作业渔场会随暖池边缘 29℃等温线在经度方向变化。而此 29℃等温线东界会受 ENSO 现象影响(唐浩等，2013)。相关学者已经研究了中西太平洋鲣鱼渔场时空分布与 ENSO 的关系，并总结出如下规律(郭爱和陈新军，2009；杨胜龙等，2010；叶泰豪等，2012)：厄尔尼诺事件发生时鲣鱼 CPUE 经度重心随暖池的东扩而东移，拉尼娜事件发生时则随暖池向西收缩而西移。因此上述年份产量重心的变化也是环境变化所致。

月间的产量重心变化呈顺时针移动，从南纬海域向西北，然后东移，最后回到南纬海域［图 2-3(b)］。月间渔场重心聚类分析也发现，2～5 月基本为一类，6～9 月、10～12 月分别为一类，月间变化具有连续性，且上、下半年变化显著。汪金涛和陈新军(2013)在研究中西太平洋鲣鱼的产量重心变化时发现，12 月至次年 4 月的渔场重心在经度上比较集中，而其他月份比较分散，在纬度上则集中于 $5°S\sim4°N$。本书的研究海域主要集中于鲣鱼的高产海域，即 $5°S\sim5°N$，$125°\sim175°E$，因此研究范围更为细化，所发现的规律也更为细致。李克让等(1998)研究西太平洋暖池的基本特征发现，28～29℃等温线随月份变化自南向北发生转变，从 1 月份的 $8°\sim10°S$ 向北移动，8～9 月到达 $8°\sim10°E$，随后再次向南部移动，因此本书研究中渔场重心的纬度移动与暖池等温线移动方向是一致的。同时，由于中西太平洋海域多为各太平洋岛国的专属经济区，而大多数作业渔船来自国外，因此需要遵守对应国家的相关入渔规定，购买配额及作业时间限制，许多作业渔船都会尽可能在有限的时间内使得收益最大化。西部海域的海洋环境较适宜鲣鱼生长，资源量更为丰富，因此作业渔船会尽可能多地在该海域进行作业，而当作业时间将至时，渔船只能从西部专属经济区海域向东部公海海域转移继续作业，这也是造成月间渔场重心东西向移动的原因，同时也可以进一步解释前述各月 CPUE 随产量变化的原因。

2.3 产量重心聚类分析

各年产量重心存在较大的差异。从表 2-1 来看，各年产量重心距离最短的为 1997 年和 2000 年的 0.0902，而距离最长的为 1995 年和 1997 年的 4.3323。由表 2-1 可知，排序前七位的空间距离均小于 0.4。从排序第十五位起产生了较大的差异，空间距离均超过了 1。1997 年与 1998 年、1999 年的距离很大，为 1.3～2.1，1997 年与 1995 年的空间距离则达到了最大值。

表 2-1　中西太平洋鲣鱼各年产量重心分布空间距离排序

排序	年份 1	年份 2	距离	排序	年份 1	年份 2	距离
1	2000	1997	0.0902	11	2004	1997	0.7036
2	2013	2006	0.1249	12	2009	2005	0.7055
3	2011	2010	0.1759	13	2012	2005	0.7646
4	2002	2001	0.2343	14	2006	2005	0.9570
5	2003	1996	0.3288	15	2001	1998	1.0782
6	2007	2006	0.3837	16	2005	1999	1.0950
7	2014	2001	0.3884	17	1999	1997	1.3212
8	2008	2006	0.4130	18	1998	1997	2.0717
9	1996	1995	0.4181	19	1997	1995	4.3323
10	2010	2006	0.6763				

经过聚类分析得知，假设以空间距离 1 为阈值，可将历年的产量重心分为 4 类，即 1995 年、1996 年、2003 年为一组，1997 年、2000 年、2004 年为一组，1998 年、2001 年、2002 年、2014 年为一组，剩余的其他年份为一组（图 2-5）。

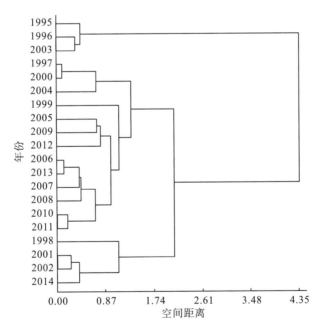

图 2-5　中西太平洋鲣鱼各年产量重心聚类结果

而不同月份之间产量重心分布则相对较为集中。由表 2-2 可知，排序前七位的月份间的空间距离不超过 1.2，且相邻月份间空间距离均较短（如 2～4 月、6～8 月、10～12 月等）。

表 2-2 中西太平洋鲣鱼各月产量重心分布空间距离排序

排序	月份 1	月份 2	距离	排序	月份 1	月份 2	距离
1	4	3	0.3201	7	10	6	1.1954
2	8	6	0.6441	8	3	2	1.2237
3	7	6	0.6826	9	6	1	1.3089
4	12	11	0.8155	10	5	2	1.4096
5	9	6	0.8621	11	2	1	1.4786
6	11	10	1.0664	12			

经过聚类分析得知，假设以空间距离 1.3 为阈值，可将历年的产量重心分为 3 类，即 6~9 月为一组，1 月、10~12 月为一组，2~5 月为一组（图 2-6）。

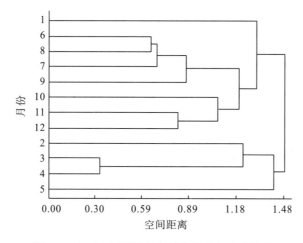

图 2-6 中西太平洋鲣鱼各月产量重心聚类结果

2.4 不同渔区 CPUE 方差分析

通过 Levene 检验，发现定义的 22 个渔区的 CPUE 为非齐性（$P < 0.01$），通过对数转换后，数据集符合齐性要求。根据方差分析的结果可以发现，鲣鱼的 CPUE 随着时间和空间的变化而发生较大的变化，不同年份不同经度（$F=21.0$，$df=40$，$P<0.01$）以及不同月份不同经度（$F=231.93$，$df=32$，$P<0.01$）的 $\ln(\text{CPUE}+1)$ 值均存在显著差异。

从年度变化来看，不同年份的 $\ln(\text{CPUE}+1)$ 有着显著差异（$F=3.99$，$df=19$，$P<0.01$）。Tukey 多重比较结果表明，$\ln(\text{CPUE}+1)$ 存在差异的年份集中在 1995 年、1997 年和 2004 年。这三年包含了历年 CPUE 的极值年份（最大值和最小值）。其中 1995 年、1997 年均与 2006~2010 年、2012 年、2014 年 $\ln(\text{CPUE}+1)$ 存在显著差异（$P<0.05$）；2004 年与 2007 年、2009 年 $\ln(\text{CPUE}+1)$ 存在显著差异（$P<0.05$）（表 2-3）。

从月度变化来看，不同月份的 $\ln(\text{CPUE}+1)$ 有着显著差异（$F=12.09$，$df=11$，$P<$

0.01）。Tukey 多重比较结果表明，ln(CPUE+1) 在月间的差异可以明显分为两个阶段，上半年(1～6 月)与 7～9 月的 ln(CPUE+1) 存在极显著差异($P<0.01$)；2～5 月与 10 月、12 月的 ln(CPUE+1) 同样存在显著差异($P<0.05$)；而其他月份则差异不显著($P>0.05$)（表 2-4）。

从渔区变化来看，不同渔区的 ln(CPUE+1) 也有着显著差异($F=36.39$，$df=21$，$P<0.01$)。Tukey 多重比较结果表明，不同经度和纬度的分布存在明显差异。从经度方向上看，无论纬度处于何处，125°～135°E 海域与 140°～175°E 海域内的 ln(CPUE+1) 存在极显著差异($P<0.01$)；从纬度方向上看，处于同一经度范围内，其南北纬海域差异不显著($P>0.05$)；从渔区整体上来看，位于西北部(0°～5°N，125°～135°E)渔区与东南部(0°～5°S，140°～175°E)的 ln(CPUE+1) 存在极显著差异($P<0.01$)，同样位于东北部(0°～5°N，140°～175°E)渔区与西南部(0°～5°S，125°～135°E)的 ln(CPUE+1) 也存在极显著差异($P<0.01$)（表 2-5）。

表 2-3　中西太平洋鲣鱼各年 ln(CPUE+1) 多重比较差异结果

年份	1995	1996	1997	1998	1999	2000	2001	2002	2003	2004	2005	2006	2007	2008	2009	2010	2011	2012	2013	2014
1995	—	ns	ns	ns	ns	ns	ns	ns	ns	ns	ns	**	**	*	**	*	ns	*	ns	*
1996	—	—	ns	ns	ns	ns	ns	ns	ns	ns	ns	ns	ns	ns	ns	ns	ns	ns	ns	ns
1997	—	—	—	ns	ns	ns	ns	*	ns	ns	ns	**	**	*	**	*	ns	**	*	*
1998	—	—	—	—	ns	ns	ns	ns	ns	ns	ns	ns	ns	ns	ns	ns	ns	ns	ns	ns
1999	—	—	—	—	—	ns	ns	ns	ns	ns	ns	ns	ns	ns	ns	ns	ns	ns	ns	ns
2000	—	—	—	—	—	—	ns	ns	ns	ns	ns	ns	ns	ns	ns	ns	ns	ns	ns	ns
2001	—	—	—	—	—	—	—	ns	ns	ns	ns	ns	ns	ns	ns	ns	ns	ns	ns	ns
2002	—	—	—	—	—	—	—	—	ns	ns	ns	ns	ns	ns	ns	ns	ns	ns	ns	ns
2003	—	—	—	—	—	—	—	—	—	ns	ns	ns	ns	ns	ns	ns	ns	ns	ns	ns
2004	—	—	—	—	—	—	—	—	—	—	ns	ns	*	ns	*	ns	ns	ns	ns	ns
2005	—	—	—	—	—	—	—	—	—	—	—	ns	ns	ns	ns	ns	ns	ns	ns	ns
2006	—	—	—	—	—	—	—	—	—	—	—	—	ns	ns	ns	ns	ns	ns	ns	ns
2007	—	—	—	—	—	—	—	—	—	—	—	—	—	ns	ns	ns	ns	ns	ns	ns
2008	—	—	—	—	—	—	—	—	—	—	—	—	—	—	ns	ns	ns	ns	ns	ns
2009	—	—	—	—	—	—	—	—	—	—	—	—	—	—	—	ns	ns	ns	ns	ns
2010	—	—	—	—	—	—	—	—	—	—	—	—	—	—	—	—	ns	ns	ns	ns
2011	—	—	—	—	—	—	—	—	—	—	—	—	—	—	—	—	—	ns	ns	ns
2012	—	—	—	—	—	—	—	—	—	—	—	—	—	—	—	—	—	—	ns	ns
2013	—	—	—	—	—	—	—	—	—	—	—	—	—	—	—	—	—	—	—	ns
2014	—	—	—	—	—	—	—	—	—	—	—	—	—	—	—	—	—	—	—	ns

注：ns 为差异不显著($P>0.05$)；*为差异显著($P<0.05$)；**为差异极显著($P<0.01$)

表 2-4 中西太平洋鲣鱼各月 ln(CPUE+1) 多重比较差异结果

月份	1	2	3	4	5	6	7	8	9	10	11	12
1	—	ns	ns	ns	ns	ns	**	**	**	ns	ns	ns
2	—	—	ns	ns	ns	ns	**	**	**	**	**	**
3	—	—	—	ns	ns	ns	**	**	**	**	ns	**
4	—	—	—	—	ns	ns	**	**	**	**	ns	*
5	—	—	—	—	—	ns	**	**	**	**	ns	**
6	—	—	—	—	—	—	**	**	**	ns	ns	ns
7	—	—	—	—	—	—	—	ns	ns	ns	ns	ns
8	—	—	—	—	—	—	—	—	ns	ns	ns	ns
9	—	—	—	—	—	—	—	—	—	ns	ns	ns
10	—	—	—	—	—	—	—	—	—	—	ns	ns
11	—	—	—	—	—	—	—	—	—	—	—	ns
12	—	—	—	—	—	—	—	—	—	—	—	—

注：ns 为差异不显著($P>0.05$)；*为差异显著($P<0.05$)；**为差异极显著($P<0.01$)

表 2-5 中西太平洋鲣鱼纬度间 ln(CPUE+1) 多重比较差异结果

		0~5S											0~5N										
		125°E	130°E	135°E	140°E	145°E	150°E	155°E	160°E	165°E	170°E	175°E	125°E	130°E	135°E	140°E	145°E	150°E	155°E	160°E	165°E	170°E	175°E
0~5S	125°E	—	ns	ns	**	**	**	**	**	**	**	**	ns	ns	ns	**	**	**	**	**	**	**	**
	130°E	—	—	ns	**	**	**	**	**	**	**	**	ns	ns	ns	**	**	**	**	**	**	**	**
	135°E	—	—	—	**	**	**	**	**	**	**	**	ns	ns	ns	**	**	**	**	**	**	**	**
	140°E	—	—	—	—	ns	ns	ns	**	**	**	**	**	**	**	ns	**	**	ns	**	**	ns	**
	145°E	—	—	—	—	—	ns	ns	ns	**	**	ns	**	**	**	ns	ns	ns	ns	**	ns	ns	
	150°E	—	—	—	—	—	—	ns	ns	ns	ns	ns	**	**	**	ns	ns	ns	ns	ns	ns	ns	
	155°E	—	—	—	—	—	—	—	ns	ns	ns	ns	**	**	**	ns	ns	ns					
	160°E	—	—	—	—	—	—	—	—	ns	ns	ns	**	**	**								
	165°E	—	—	—	—	—	—	—	—	—	ns	ns	**	**	**								
	170°E	—	—	—	—	—	—	—	—	—	—	ns	**	**	**								
	175°E	—	—	—	—	—	—	—	—	—	—	—	**	**	**								
0~5N	125°E	—	—	—	—	—	—	—	—	—	—	—	—	ns	ns	**	**	**	**	**	**	**	**
	130°E	—	—	—	—	—	—	—	—	—	—	—	—	—	ns	**	**	**	**	**	**	**	**
	135°E	—	—	—	—	—	—	—	—	—	—	—	—	—	—	**	**	**	**	**	**	**	**
	140°E	—	—	—	—	—	—	—	—	—	—	—	—	—	—	—	ns	ns	ns	ns	ns	ns	ns
	145°E	—	—	—	—	—	—	—	—	—	—	—	—	—	—	—	—	ns	ns	ns	ns	ns	ns
	150°E	—	—	—	—	—	—	—	—	—	—	—	—	—	—	—	—	—	ns	ns	ns	ns	ns
	155°E	—	—	—	—	—	—	—	—	—	—	—	—	—	—	—	—	—	—	ns	ns	ns	ns
	160°E	—	—	—	—	—	—	—	—	—	—	—	—	—	—	—	—	—	—	—	ns	ns	ns
	165°E	—	—	—	—	—	—	—	—	—	—	—	—	—	—	—	—	—	—	—	—	ns	ns
	170°E	—	—	—	—	—	—	—	—	—	—	—	—	—	—	—	—	—	—	—	—	—	ns
	175°E	—	—	—	—	—	—	—	—	—	—	—	—	—	—	—	—	—	—	—	—	—	—

注：ns 为差异不显著($P>0.05$)；*为差异显著($P<0.05$)；**为差异极显著($P<0.01$)

　　由于不同经纬度的产量和 CPUE 差别较大,因此本书将研究海域划分为不同的渔区,结合时间变化来研究鲣鱼渔场时空变化规律。从研究结果可以发现,年度 CPUE 差异主要出现在 1995 年、1997 年和 2004 年,1995 年 CPUE 为历年最高值,1997 年和 2004 年 CPUE 分别为历年最低值和次低值 [图 2-2(a)],而主要对应存在差异的年份为 2006～2010 年(表 2-3)。根据陈洋洋和陈新军(2017)的定义,1995 年为拉尼娜事件年,1997 年为厄尔尼诺事件年,拉尼娜事件年产量相对较高,渔场重心偏西,厄尔尼诺事件年产量较低,渔场重心偏东,因此这两年在鲣鱼产量和 CPUE 与其他年份的差异很大,而 2006～2010 年的产量重心分布较为偏南,结合空间因素,也是这些年份 CPUE 差异较大的主要原因。从月间的 CPUE 差异情况来看,也可以发现其与渔场重心变化的规律,即上半年(1～6 月)与下半年(主要是第三季度的 7～9 月)存在极显著差异($P<0.01$)(表 2-4)。该差异也与上述 CPUE 月间变化和月间渔场重心变化一致。从空间变化的研究结果来看,经度间 CPUE 的差异要明显大于纬度间 CPUE 的差异,且经度变化的界限主要为 135°～145°E(表 2-5)。影响中西太平洋鲣鱼资源的暖池移动主要是东西向的,会随着 ENSO 现象的发生而东扩或西移。根据李克让等(1998)的研究,西太平洋暖池 29℃等温线的经度为 146°～160°E,根据 29～30℃为鲣鱼的主要栖息环境来看(周甦芳,2005),135°～145°E 正是其栖息的主要场所,因此较多的捕捞努力量和产量也集中于这个区域,这也是造成东西海域 CPUE 差异的原因。

　　本书根据 1995～2014 年中西太平洋鲣鱼围网捕捞渔业生产数据,分析了产量和 CPUE 在各年各月的变化规律,同时分析了年度和月度产量重心变化并进行聚类分析,划分渔区,研究时间和空间因素对 CPUE 的影响,为后续合理开发该渔业和构建相关渔情预报模型提供了依据。本研究中所使用的数据年份跨度较大,且主要关注高产渔区,与以往的类似研究区域有着较大的不同,进一步细化了研究范围,能够更加准确地研究中西太平洋鲣鱼产量及 CPUE 的变化规律。后续研究中应获取更加精确的产量数据(如经纬度精度为 1°×1°),并且结合相应的环境因子和气候因子(如赤道指数)分析长时间序列鲣鱼渔场的变化规律及其根本原因。

第3章 中西太平洋鲣鱼中心渔场与环境因子的关系

海洋生物对海洋环境有着很大的依赖性，同时生物也会对海洋环境的变化产生响应。海洋环境的变化会影响生物的时空分布，最终会导致其集群特征的变化。因此研究环境因子对中心渔场的影响，有助于更好地了解渔业资源的分布情况，提升渔情预报的可靠性(陈新军等，2013)。传统的分析方法主要依靠回归模型来实现，现今的研究中利用一般线性回归模型已经较为少见，主要利用分段式的线性回归等方法，如广义线性模型(generalized linear model，GLM)和广义加性模型 GAM(Guisan et al.，2002；Chang et al.，2010)，它们能够较好地处理非线性问题，有效地提升研究精度。随着技术的发展，机器学习(machine learning)方法不断涌现，包括分类决策树(classification and regression tree, CART)、随机森林(random forest，RF)、提升回归树(boosted regression tree, BRT)、支持向量机(support vector machine, SVM)(Crespi-abril et al.，2015；Li et al.，2015)等，以其良好的数据挖掘能力和模型学习能力被大量研究者所推崇。目前，使用不同模型分析渔场环境因子对渔业资源影响的研究并不多见。为此，本章根据 1998～2013 年中西太平洋鲣鱼生产统计数据，通过选取两种不同类型的方法(传统分析方法 GAM 和机器学习方法 BRT)来分析环境因子对鲣鱼中心渔场的影响，比较不同模型间的差异，并验证模型的性能和实际效果，为我国鲣鱼围网渔场学研究和渔情预报提供相关的参考依据。

渔业数据来自太平洋共同体秘书处。海面温度(SST)数据来自美国国家航空航天局(National Aeronautics and Space Administration，NASA)(http://poet.jpl.nasa.gov/)；厄尔尼诺/拉尼娜事件采用 Nino 3.4 区海洋尼诺指数(Ocean Nino Index，ONI)来表示，时间单位为月，数据来自美国国家海洋和大气管理局(National Oceanic and Atmospheric Administration，NOAA)气候预报中心(http://www.cpc.ncep.noaa.gov)。海面高度(sea surface heijht，SSH)数据来自哥伦比亚大学(http://iridl.ldeo.columbia.edu/docfind/databrief/cat-ocean. html)，叶绿素 a 浓度(Chl-a)数据来自美国 NOAA 中太平洋观测网点(http://oceanwatch. pifsc. noaa.gov/)。

CPUE 的计算同第 2 章。通过 R 语言软件的相关程序包，将下载的 SST、SSH 和 Chl-a 利用空间插值的方法与渔业数据(经纬度、产量和 CPUE)进行匹配，使得环境数据与渔业数据一一对应。

GAM 通过函数与相应变量移动的变化，将基于指数分布的回归与一般线性回归进行整合(陈新军等，2013)。其中，GAM 的表达式为

$$
\begin{aligned}
\ln(\text{CPUE}+1) = &\, s(\text{year}) + s(\text{month}) + \text{factor}(\text{latitude}) + s(\text{longtitude}) \\
&+ s(\text{SST}) + s(\text{SSH}) + s(\text{Chl-a}) + s(\text{ONI}) + \varepsilon
\end{aligned}
\tag{3-1}
$$

式中，对 CPUE 进行了对数化处理；s 为自然立方样条平滑(natural cube spline smoother)；s(year)为年效应；s(month)为月效应；s(longtitude)为经度效应；s(SST)为表温效应；s(SSH)为海面高度效应；s(Chl-a)为叶绿素浓度效应；s(ONI)为海洋尼诺指数效应；ε 为随机变量；由于纬度的数值组成太少，因此将纬度以因子(latitude)形式处理。

　　提升回归树结合了提升(boosting)和分类回归树两种技术，它通过组合大量简单决策树来优化模型(Brieman et al.，1984；Elith et al.，2008)，主要内容可以写为 M 棵分类回归树相加的形式：

$$f_M(X) = \sum_{m=1}^{M} T_m(X, \gamma_m) \tag{3-2}$$

式中，X 为 SST、SSH 等预测变量；$T_m(X, \gamma_m)$ 为第 m 棵分类回归树，γ_m 为其参数，代表了该决策树的分裂点和每个叶节点的赋值，求解 γ_m 的过程即单棵决策树的学习过程。

　　然后，通过逐步迭代的方式对每一棵树进行学习。对装袋分数(bagging fraction)、学习率(learning rate，lr)和树的复杂度(tree complexity，tc)三项参数进行选择，其中装袋分数选择 0.75，lr 和 tc 对模型影响相对较大，因此选择设置 lr 为 0.001、0.005、0.01、0.1，tc 为 1、2、4、8，通过模型预测过程和预测偏差选择最优 lr 和 tc。具体参考高峰等(2015)。以 10 倍交叉验证(10-fold cross-validation)方法建立提升回归树模型，取平均估计偏差最小的决策树数量为最佳决策树数量。最后通过计算提升回归树中的预测因子相对重要性的平方和正规化处理，使所有因子之和为 1，以百分数的形式表征因子的影响程度。

　　上述分析均使用 R Gui 3.2.3 软件进行分析，其中 GAM 使用"mgcv"包分析，BRT 使用"gbm"包分析。

3.1　广义加性模型分析

　　首先验证响应变量的残差是否服从正态分布。1998~2013 年中西太平洋鲣鱼响应变量残差的频次分布及其检验如图 3-1 所示，由图可见，残差数据点在正态 q-q 图中几乎形成一条直线[图 3-1(b)]，这说明本书关于响应变量的残差服从正态分布的假设，可以用于 GAM 的分析。

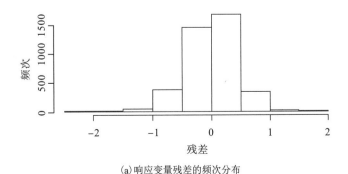

(a)响应变量残差的频次分布

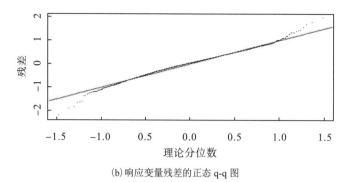

(b)响应变量残差的正态 q-q 图

图 3-1　1998~2013 年中西太平洋鲣鱼响应变量残差的频次分布及其检验

此模型作为对 CPUE 总偏差的解释为 67.9%(表 3-1)。其中，经度变量对 CPUE 的影响最大，解释了 55.9%的总偏差；随后，依次是纬度(9.0%)、年(1.5%)、月(0.6%)、SSH(0.4%)、Chl-a(0.3%)、ONI(0.1%)、SST(0.1%)。

表 3-1　中西太平洋鲣鱼收获率 GAM 拟合结果的偏差分析及最适 GAM

解释变量	自由度	F	P	AIC	R^2	累计解释偏差/%
无效	—	—	—	—	—	—
年	3.92	17.98	5.62×10^{-14}	10577.87	0.014	1.5
月	3.67	6.11	4.43×10^{-5}	10556.72	0.019	2.1
纬度	—	—	—	10114.84	0.109	11.1
经度	3.98	1952.50	$<2\times10^{-16}$	5533.43	0.669	67.0
SST	1.63	0.48	0.002	5534.97	0.669	67.1
SSH	2.78	23.61	3.38×10^{-15}	5464.99	0.674	67.5
ONI	2.80	3.19	0.016	5459.20	0.675	67.6
Chl-a	1.95	14.93	1.0×10^{-7}	5427.23	0.677	67.9

从时间因素来看，年对 CPUE 的影响在 1998~2003 年逐渐下降，随后又上升，至 2008 年达到顶点，并再次下降。月的变化在 2~4 月处于一年的高位，并在 4 月达到最大；随后下降，并在 8 月达到年度最低，后续有所回升，处于中位。从空间因素来看，经度对 CPUE 的影响随着经度的增大而迅速增大，变化的幅度最大(图 3-2)。

环境因素方面，SST 为 27~29℃ 时，随着 SST 升高，CPUE 小幅度下降；在超过 29℃ 后，CPUE 基本保持稳定。SSH 在 85cm 之前均保持大幅上升趋势，在 85cm 之后基本保持稳定；ONI 在-1~1 基本保持稳定，在大于 1 之后，则下降明显；Chl-a 在 0~0.2 缓慢下降，比较集中，随后有一定的波动，但偏差较大(图 3-2)。

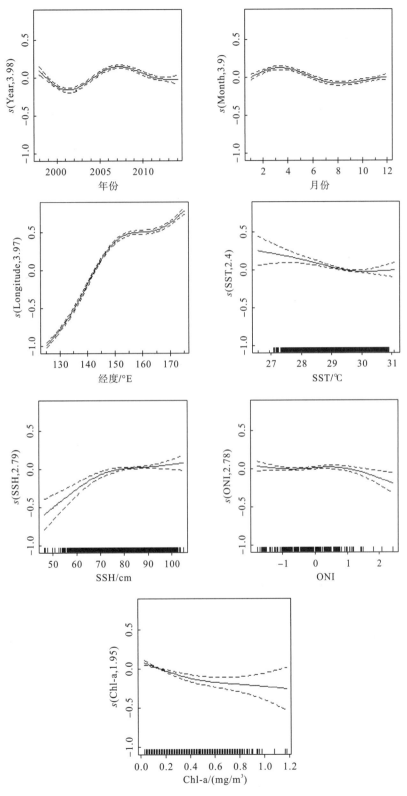

图 3-2　基于广义加性模型的时空与环境因子效应对中西太平洋鲣鱼 CPUE 的影响

　　GAM 更加注重对数据进行非参数性的探索，主要适用于数据非线性关系的描述，同时在 GAM 中每个变量都是相对独立的，各变量并不会产生相互依赖，因此比较适宜在渔业中研究 CPUE 和其对应的环境因子的关系(唐浩等，2013)。在本书中，可以发现中西太平洋鲣鱼 CPUE 受时间因子(年、月)、空间因子(经纬度)和环境因子(SST、SSH、ONI、Chl-a)多种因子的影响。从分析结果来看，经度是对 CPUE 影响最大的因子，其中 130°～150°E 区域的变化最大，CPUE 主要分布于 150°～175°E。主要是因为东太平洋上升流受季风的影响，大量的营养盐随洋流向西流动，同时该海域也是南赤道流和赤道逆流的交界处，属于陆源边界流的一部分，因此初级生产力也相对较高，比较适合鲣鱼生长(Lehodey et al.，1997)。不同年份和月份也对 CPUE 有着一定的影响，年间 CPUE 经历较大的波动，这主要与环境的大幅变化(如极端气候)有密切关系(周甦芳等，2004；周甦芳，2005)；造成月间产量不均的情况主要是由于在第一、二季度主要作业区域位于中西太平洋暖池的中心，该海域的温度十分适宜鲣鱼生长，因此该海域鲣鱼的产量也相对较高；而下半年作业区域相对偏西，相对远离暖池中心，因此鲣鱼资源丰度相对较低，产量也较低。

　　本书中，环境因子在 GAM 分析中的影响相对较小。其中，海面高度 SSH 的影响相对较大，这在唐浩等(2013)研究中也有所反映，可以考虑将 SSH 作为潜在的因子应用于后续的渔情预报中。海洋尼诺指数(ONI)主要为-1～1，陈洋洋和陈新军(2017)对 CPUE 与厄尔尼诺的关系进行了研究，发现在厄尔尼诺事件发生时，中西太平洋鲣鱼的 CPUE 相对较低，而在拉尼娜事件发生时，CPUE 相对较高。因此不同气候条件也会对中西太平洋鲣鱼的 CPUE 产生一定的影响，但更主要的是影响鲣鱼的空间分布变化(汪金涛和陈新军，2013)。鲣鱼是一种恒温性鱼类，适宜的 SST 主要为 28～30℃(杨胜龙等，2010；叶泰豪等，2012)，而中西太平洋海域的年温度变化也较小，鲣鱼基本栖息在该温度范围内，因此 SST 的变化对 CPUE 的影响也相对较弱。由于在合适的鲣鱼渔场中，初级生产力相对较稳定，因此叶绿素浓度对 CPUE 的影响也相对较小。

3.2　提升回归树分析

　　对四种不同学习率(lr)和复杂度(tc)进行模拟分析。结果发现，当 lr 在 0.001 和 0.005 时，模型拟合过程相对较慢，且当决策树在 4000 棵时，偏差仍处于下降趋势，未能达到最佳的模型性能(图 3-3)。lr 为 0.01 时，tc 为 1、2、4、8 的模型在 4000 棵决策树前预测偏差处于下降趋势，且在 tc 为 8 时在 3950 棵决策树达到最小预测值，其平均预测偏差为 35.89。lr 为 0.1 时，分支树在 2000 棵以内均达到拟合(图 3-3)。因此，本节选择 lr 为 0.01 和 tc 为 8 作为预报模型的参数进行后续分析。

　　提升回归树分析表明，经度对 CPUE 的影响最大，占所有因子影响的 60.4%；年份和 ONI 为第二位和第三位，分别占 9.2%和 7.7%；随后依次为纬度(5.2%)、SSH(5.0%)、月(4.9%)、SST(4.5%)以及 Chl-a(3.1%)。空间因子所占的比例最大，从变化上来看，在约为 138°E 后，CPUE 迅速上升，并在 140°E 之后呈阶梯式上升；年份效应则在 2005 年之后处于较高位置，在此之前则相对较低；月效应则以 6 月为分界点，在此之前 CPUE 较高，之后则较低；纬度变化在 2.5°N 之后又较大幅度上升；其他的因子变化不明显。在环境因子中，ONI 所占的比例最高，指数在 1.5 左右，之后大幅下降；SSH 在 60cm 之后有小幅上升随后保持平稳；SST 变化不明显；Chl-a 在 0.4mg/m³ 之前较高，随后基本没有变化(图 3-4)。

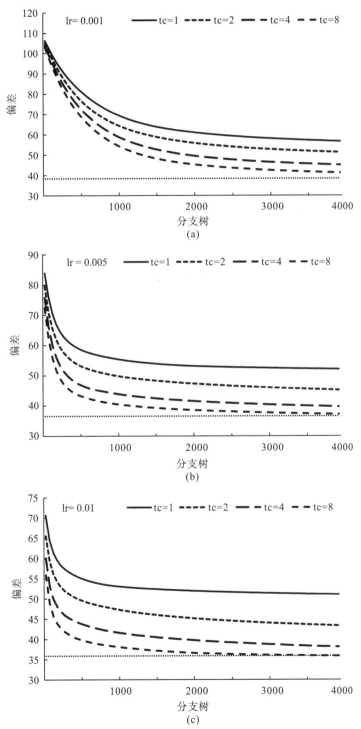

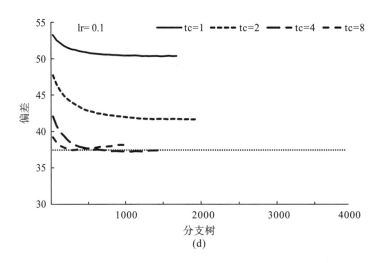

(d)

图 3-3　不同学习率和复杂度下预测偏差与决策树的关系

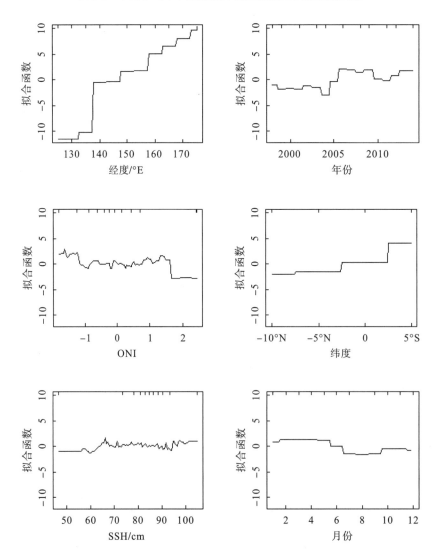

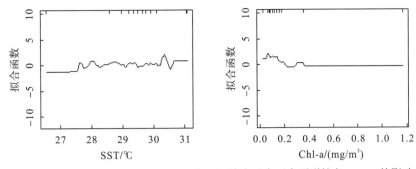

图 3-4　基于提升回归树的时空与环境因子效应对中西太平洋鲣鱼 CPUE 的影响

　　BRT 作为近几年来较为流行的集成机器学习方法，已较为广泛地应用于渔业建模中（Martínez-Rincón et al.，2012；高峰等，2015）。由于其有着较高的预测精度，同时不易出现过度拟合的情况，因此也经常将该模型分析结果与传统方法进行对比，以突显其应用优势。从结果显示来看，与 GAM 得出的结果类似，时空因子占据了相对重要的影响，经度影响的百分比超过 60%，这主要与作业人员的工作经验对渔场位置的选择有较大关系，同时模型由于数据的典型性，也会强化时空因子的影响（黄易德，1989；陈新军等，2013）。在环境因子的影响中，ONI 对 CPUE 的影响是最大的。以往的研究中，大多数学者仅考虑SST 产生的影响（郭爱和陈新军，2009；杨胜龙等，2010；唐浩等，2013），而长时间序列数据所包含的变化可能与更大尺度的气候变化有关。ENSO 现象对中西太平洋鲣鱼的影响已经在前人的研究中多次提及（周甦芳等，2004；周甦芳，2005；陈洋洋和陈新军，2017），因此应当对 ONI 的变化予以重视，同时也应该在后续鲣鱼的渔情预报中添加 ONI 作为一个重要的因子，以获得更准确的预报效果。SSH 对鲣鱼 CPUE 的影响要大于 SST 和 Chl-a，因此也需要综合多个环境因子来更全面地分析 CPUE 的变化情况。总的来看，提升回归树的分析结果与 GAM 所得出的结果相似，并且能够提供给每个因子标准化后的百分比，这比 GAM 中逐步分析的方法显得更为直观。

第4章 中西太平洋鲣鱼中心渔场预报模型

中西太平洋海域是世界金枪鱼围网作业的主要渔场，主捕鲣鱼，并兼捕黄鳍金枪鱼和大眼金枪鱼等种类(Collette and Nauen, 1983)。我国于 2000 年开始在该海域进行金枪鱼围网作业，到 2006 年已拥有围网船只 8 艘，年产量约 5×10^4t(陈新军和郑波，2007)。鲣鱼渔场分布与海洋环境关系密切。海面温度(黄易德，1989；黄逸宜，1995；Fonteneau, 2003)、ENSO(Lehodey et al., 1997；郭爱和陈新军，2005)等环境因子都已经证实会对鲣鱼渔场的空间分布产生影响。近些年来，许多学者对于中心渔场预报的模型及预报方法进行了大量的研究，通常分为基于单一环境因子(Lehodey et al., 1997；郭爱和陈新军，2005)和基于多环境因子的渔场预报(叶泰豪等，2012；唐浩等，2013)，方法大多套用统计学模型，如线性模型(王为祥和朱德山，1984；韦晟和周彬彬，1988)、指数回归(陈新军等，2009)等，以及智能模型，如专家系统和模糊推理等(樊伟等，2005；易倩和陈新军，2012)。但是这些渔场预报模型仅是对某一种响应变量进行分析，如捕捞努力量或单位捕捞努力量渔获量(CPUE)，并没有对其进行比较，所采用的模型往往也是线性关系，同时也没有考虑在不同环境情况下渔场的变化。人工神经网络 (artificial neutral network，ANN)法具有很好的自主学习能力和很强的泛化和容错能力(Hagan et al., 1996)，已在海洋渔业领域取得较好的应用效果。在不同的气候条件下，渔场也存在着较大的变化。为此，本书根据 1998~2013 年中西太平洋鲣鱼围网生产数据以及海洋环境数据，以捕捞努力量和 CPUE 作为渔场预报指标，分别利用人工神经网络模型和不同气候条件模型来建立不同的中心渔场预报模型，并对结果进行比较，以期为中西太平洋鲣鱼围网渔业科学生产提供依据。

4.1 基于 BP 神经网络的中西太平洋鲣鱼渔场预报

渔业数据和 CPUE 计算见第 2 章。环境数据来源同第 3 章。

CPUE 初值化就是将实际 CPUE 转化为 0~1 的值，计算方法是：在计算出的所有实际 CPUE 中选择最大值，再将每个 CPUE 除以这个最大值，即可得到初值化后的 CPUES。当 CPUES=1 时，则表征该海域为最适中心渔场；当 CPUES=0 时，则该海域为非中心渔场。捕捞努力量(作业网次)初值化计算方法与 CPUE 相同。

研究海域为 125°E~150°W、10°S~10°N 区域。按照时间、空间和海洋环境数据组成进行匹配组成样本集。输入变量为时间(月)、空间数据(经度、纬度)，海洋环境数据包括 SST、SSH、Nino 3.4 区海面指标(Nino 3.4)及 Chl-a，输出变量分别为经过初值化后的 CPUE 和捕捞努力量，以此作为中心渔场的指标。

　　本书采用数据处理系统(data processing system，DPS)中的 BP 神经网络算法，其网络结构由输入层、隐含层和输出层组成。输入层因子由时间因子，空间因子，海洋环境因子(包括 SST、SSH、Nino 3.4 区海面指标及 Chl-a)等组成，隐含层为 1 层，隐含层节点数一般设为输入层节点数的 75%(Chen et al.，2011)，输出层为 1 个节点，分别为初值化后的 CPUE 和捕捞努力量。将这两类计算结果进行比较，选取最适合渔场预报的模型。以模型处理结果中的拟合残差作为判断最优模型的标准，拟合残差越小，模型的效果也就越好，渔场预报也就越准确。确立研究方案如下。

　　方案 1：输入层因子为月份、经度、纬度、SST，神经网络结构为 4-2-1 模型和 4-3-1 模型，输出因子分别为初值化后的 CPUE、捕捞努力量。

　　方案 2：输入因子为月份、经度、纬度、SST、SSH，神经网络结构为 5-3-1 模型和 5-4-1 模型，输出因子分别为初值化后的 CPUE、捕捞努力量。

　　方案 3：输入因子为月份、经度、纬度、SST、SSH、Nino 3.4，神经网络结构为 6-3-1 模型、6-4-1 模型和 6-5-1 模型，输出因子分别为初值化后的 CPUE、捕捞努力量。

　　方案 4：输入因子为月份、经度、纬度、SST、SSH、Nino 3.4、Chl-a，神经网络结构为 7-3-1 模型、7-4-1 模型、7-5-1 模型和 7-6-1 模型，输出因子分别为初值化后的 CPUE、捕捞努力量。

4.1.1　输出因子为初值化后的 CPUE

1. 方案 1 模拟结果

　　由图 4-1(a)可知，4-2-1 模型的 BP 神经网络约在拟合次数达到 4 次前，拟合残差随着拟合次数增加急剧减小，在拟合次数约为 40 次时，拟合残差达到最小，为 0.010554；由图 4-1(b)可知，4-3-1 模型的 BP 神经网络在拟合次数约 240 次时，拟合残差达到最小为 0.010415。

2. 方案 2 模拟结果

　　由图 4-2(a)可知，5-3-1 模型的 BP 神经网络拟合次数约在 80 次时，其拟合残差最小，为 0.010056，在拟合次数约达到 88 次时，拟合残差明显增大；由图 4-2(b)可知，5-4-1 模型的 BP 神经网络在拟合次数约为 15 次前，拟合残差急剧减小，随后缓慢降低，在拟合次数约为 720 次时，拟合残差达到最小，为 0.009288。

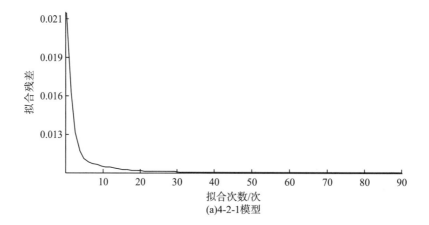

(a)4-2-1模型

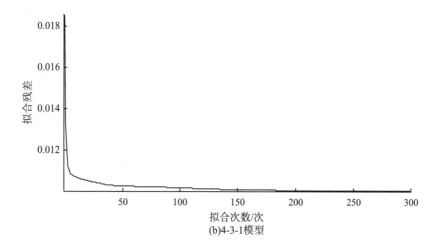

(b)4-3-1模型

图 4-1   4-2-1 模型和 4-3-1 模型模拟结果

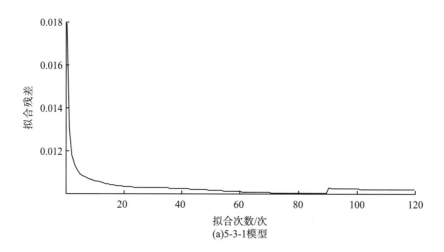

(a)5-3-1模型

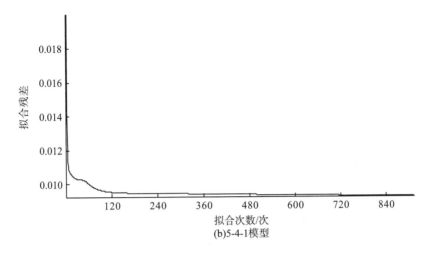

图 4-2　5-3-1 模型和 5-4-1 模型模拟结果

3. 方案 3 模拟结果

本方案中，3 个模型拟合残差的变化趋势基本一致，均为先急剧减小后趋于平缓。6-3-1 模型的 BP 神经网络模拟结果如图 4-3(a)所示，拟合次数约为 150 次时，其拟合残差最小，为 0.010390；6-4-1 模型的 BP 神经网络模拟结果如图 4-3(b)所示，拟合次数约为 870 次时，其拟合残差达到最小，为 0.009132；6-5-1 模型的 BP 神经网络模拟结果如图 4-3(c)所示，拟合次数约为 720 次时，拟合残差最小，为 0.009380。

4. 方案 4 模拟结果

7-3-1 模型的 BP 神经网络模拟结果如图 4-4(a)所示，拟合次数约为 270 次时，其拟合残差最小，为 0.009887；7-4-1 模型的 BP 神经网络模拟结果如图 4-4(b)所示，拟合次数约为 24 次之前，其拟合残差急剧减小，在拟合次数约为 919 次时，其拟合残差达到最小，为 0.009440；7-5-1 模型的 BP 神经网络模拟结果如图 4-4(c)所示，拟合次数约为 460 次时，拟合残差最小，为 0.009378；7-6-1 模型的 BP 神经网络模拟结果如图 4-4(d)所示，拟合次数约为 860 次时，拟合残差最小，为 0.008966。

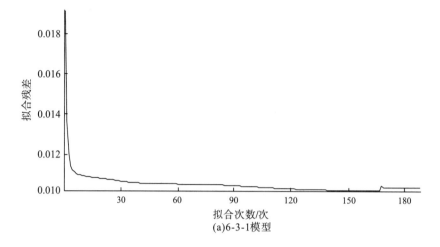

(a)6-3-1模型

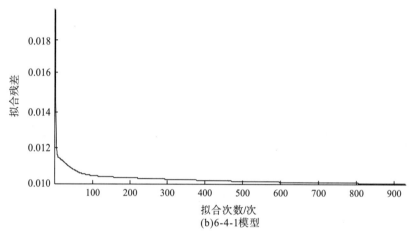

(b)6-4-1模型

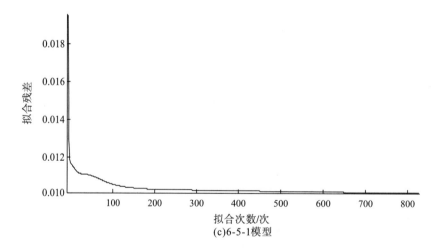

(c)6-5-1模型

图 4-3　6-3-1 模型、6-4-1 模型及 6-5-1 模型模拟结果

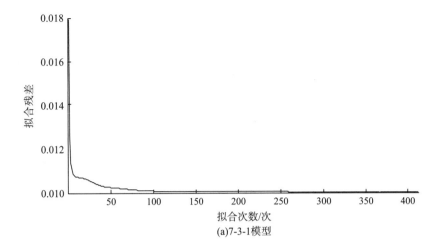

(a)7-3-1模型

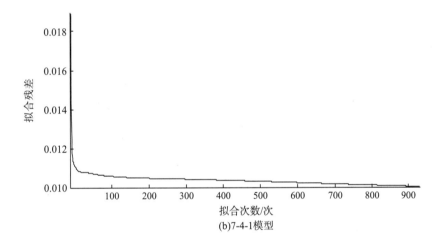

(b)7-4-1模型

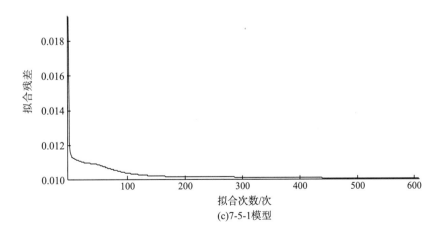

(c)7-5-1模型

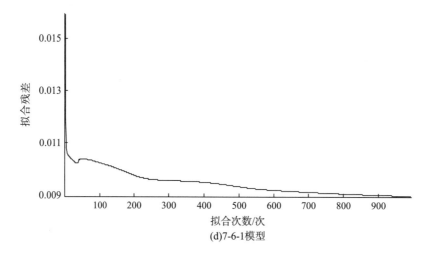

(d)7-6-1模型

图 4-4　7-3-1 模型、7-4-1 模型、7-5-1 模型及 7-6-1 模型模拟结果

4.1.2　输出因子为初值化后的捕捞努力量

1. 方案 1 模拟结果

由图 4-5(a)可知，4-2-1 模型的 BP 神经网络在拟合次数达到 6 次前，拟合残差的值随着拟合次数增加急剧减小，随后缓慢下降，在拟合次数约为 350 次时，拟合残差达到最小，为 0.005846；由图 4-5(b)可知，4-3-1 模型的 BP 神经网络在拟合次数约 350 次时，拟合残差达到最小，为 0.005665。

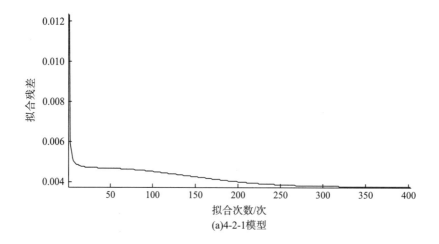

(a)4-2-1模型

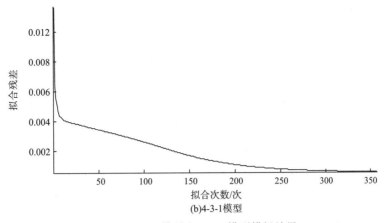

(b)4-3-1模型

图 4-5　4-2-1 模型和 4-3-1 模型模拟结果

2. 方案 2 模拟结果

由图 4-6(a)可知，5-3-1 模型的 BP 神经网络拟合次数约在 500 次时，其拟合残差最小，为 0.005812；由图 4-6(b)可知，5-4-1 模型的 BP 神经网络在拟合次数约为 24 次前拟合残差快速减小，在拟合次数约为 970 次时，拟合残差达到最小，为 0.003979。

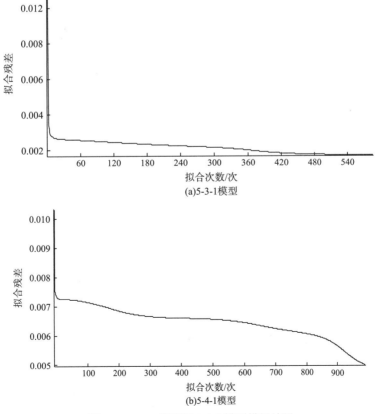

(a)5-3-1模型

(b)5-4-1模型

图 4-6　5-3-1 模型和 5-4-1 模型模拟结果

3. 方案 3 模拟结果

6-3-1 模型的 BP 神经网络模拟结果如图 4-7(a) 所示,拟合次数约为 199 次时,其拟合残差最小,为 0.005648;6-4-1 模型的 BP 神经网络模拟结果如图 4-7(b) 所示,拟合次数约为 970 次时,其拟合残差到达最小,为 0.003424;6-5-1 模型的 BP 神经网络模拟结果如图 4-7(c) 所示,拟合次数约为 380 次时,拟合残差最小,为 0.005661。

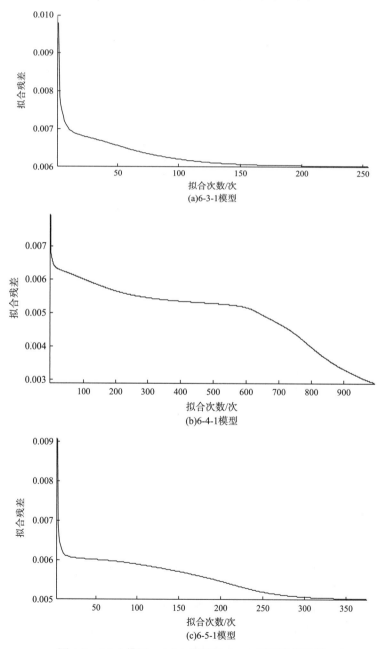

图 4-7　6-3-1 模型、6-4-1 模型及 6-5-1 模型模拟结果

4. 方案 4 模拟结果

7-3-1 模型的 BP 神经网络模拟结果如图 4-8(a)所示，拟合次数约为 800 次时，其拟合残差最小，为 0.005165；为 7-4-1 模型的 BP 神经网络模拟结果如图 4-8(b)所示，在拟

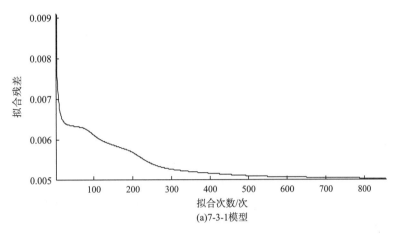

(a)7-3-1模型

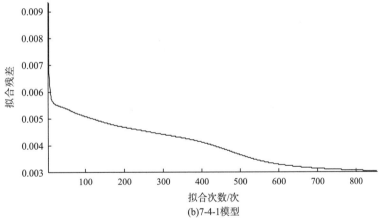

(b)7-4-1模型

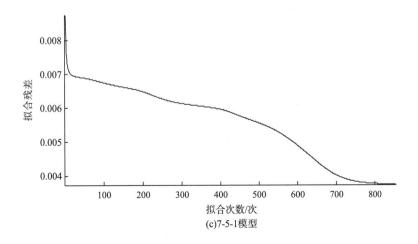

(c)7-5-1模型

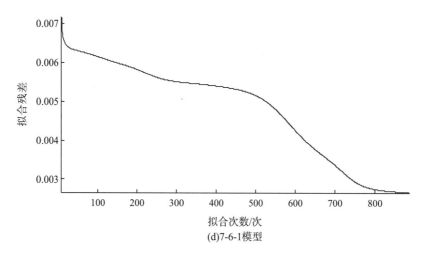

纵坐标为拟合残差（从0.003到0.007），横坐标为拟合次数/次。

(d)7-6-1模型

图 4-8　7-3-1 模型、7-4-1 模型、7-5-1 模型及 7-6-1 模型模拟结果

合次数约为 830 次时，其拟合残差到达最小为 0.004515；7-5-1 模型的 BP 神经网络模拟结果如图 4-8(c) 所示，拟合次数约为 840 次时，拟合残差最小，为 0.002665；7-6-1 模型的 BP 神经网络模拟结果如图 4-8(d) 所示，拟合次数约为 860 次时，拟合残差最小，为 0.002667。

4.1.3　不同输入因子与不同输出因子的比较

本章根据 4 种输入因子的组合方案，构建 11 种以初值化后的 CPUE 作为输出因子的模型与 11 种以初值化后的捕捞努力量作为输出因子的模型。22 种模型拟合的输出结果如表 4-1 所示：以 CPUES 为输出层的拟合残差值为 0.008272～0.010646，平均值为 0.009743；以初值化后的捕捞努力量（EFFORTS）为输出层的拟合残差值为 0.002942～0.005846，平均值为 0.004246。Chen 等（2011）和 Tian 等（2009）对西北太平洋柔鱼栖息地的研究中均发现在预测栖息地适应性指数时捕捞努力量比 CPUE 更重要，同时也发现基于 CPUE 的栖息地适应性指数模型会过度预测最适宜栖息地，而对每月最适栖息地变化的预测不足，因此认为基于捕捞努力量的栖息地适应性指数模型在定义最适栖息地时会更加有效。分析发现，拟合残差的平均值随着输入因子的增加而减少（表 4-1），而且对于不同输出因子的方案具有同样的规律，这说明本书所选的时间、空间、海洋环境因子等对鲣鱼渔场分布都极为重要。

表 4-1　不同输入因子及不同输出因子所得的不同拟合残差

方案	输入因子	模型	拟合残差（输出 CPUES）	拟合残差（输出 CPUES）均值	拟合残差（输出 EFFORTS）	拟合残差（输出 EFFORTS）均值
方案 1	月、经度、纬度、SST	4-2-1	0.010554	0.010600	0.005846	0.005756
		4-3-1	0.010646		0.005665	
方案 2	月、经度、纬度、SST、SSH	5-3-1	0.010582	0.010421	0.005794	0.004688
		5-4-1	0.010259		0.003581	

续表

方案	输入因子	模型	拟合残差 (输出 CPUES)	拟合残差 (输出 CPUES) 均值	拟合残差 (输出 EFFORTS)	拟合残差 (输出 EFFORTS) 均值
方案 3	月、经度、纬度、 SST、SSH、Nino 3.4a	6-3-1	0.010270		0.004881	
		6-4-1	0.009132	0.009572	0.003520	0.003812
		6-5-1	0.009315		0.003034	
方案 4	月、经度、纬度、 SST、SSH、Nino 3.4a、Chl-a	7-3-1	0.009886		0.004737	
		7-4-1	0.009282	0.009105	0.003275	0.003596
		7-5-1	0.008980		0.002942	
		7-6-1	0.008272		0.003429	
	均值		0.009743		0.004246	

4.1.4 最优模型的选择与解释

从拟合结果的比较中得知，捕捞努力量更适合作为输出因子预报鲣鱼渔场，但以初值化后的捕捞努力量作为输出因子的模型有 11 个，通过比较各模型的拟合残差，并采用拟合残差较小的模型作为预报模型的原则（杨建刚，2001；徐洁等，2013），选定拟合残差最小的，输入因子为月、经度、纬度、SST、SSH、Nino 3.4、Chl-a，输出因子为初值化后的捕捞努力量，7-5-1 模型的 BP 神经网络作为最优模型，拟合残差值为 0.002942。该模型的第 1 隐含层各节点的权重矩阵和输出层各节点的权重矩阵如表 4-2 所示。

表 4-2　最适模型第 1 隐含层各节点和输出层各节点的权重矩阵

第 1 隐含层各节点的权重矩阵					输出层各节点的 权重矩阵
−0.5034	−0.3553	−1.2257	−0.1894	0.0869	−4.5519
−1.1511	−2.5707	−4.8064	28.9173	−19.6179	5.1295
−5.2810	−1.3643	6.6105	−5.4734	−2.4244	−2.3507
−1.0121	1.2098	−5.3747	2.3757	2.4403	−3.0652
−0.8226	−0.5199	−1.4290	−1.3363	−0.1564	−4.9300
0.7603	−0.5884	0.5741	−1.4495	−0.4641	−4.5519
5.4520	1.8157	−6.3500	−6.3077	1.0859	5.1295

注：在 7 行 5 列的第 1 隐含层各节点的权重矩阵中，7 行表示 BP 神经网络结构中输入因子为 7 个，包含月、经度、纬度、SST、SSH、Nino 3.4a 以及 Chl-a，5 列则表示神经网络结构中隐含层的节点数为 5

由表 4-2 可知，第 1 隐含层各节点的权重矩阵中各数据大小、正负均不相同，无明显线性关系。在 BP 神经网络模型中，取权重的绝对值，无关正负，权重值越大，对模型的贡献率就越大（毛江美等，2016）。如输入层变量经度的权重绝对值为 28.9173、19.6179 等，权重越大，对模型拟合结果的贡献也越大。

4.1.5　输入因子权重比较

从表 4-2 可以直观地看出隐含层各因子的权重，权重最大的因子即为经度，其次所占权重较大的因子为 Chl-a，再次为纬度与 SST。经度对于中西太平洋鲣鱼渔场分布的影响占有非常重要的地位，中西太平洋鲣鱼渔场经向分布范围广，为 120°E～160°W，且不同年份和月份的渔场重心分布均有很大差异(陈新军和郑波，2007)。陈新军和郑波 (2007)研究发现，1990 年、1991 年、1995 年和 1996 年鲣鱼产量主要分布在 140°～160°E 的西部海域；1998 年、1999 年和 2001 年鲣鱼产量主要分布在 150°～180°E 的海域，较 1990 年、1991 年、1995 年和 1996 年鲣鱼产量主要分布区偏东 10°～20°。1992 年、1993 年、1994、1997 年和 2000 年鲣鱼产量主要分布在 140°～180°E 的广阔海域，与本书研究结果相似。

鱼类活动在很大程度上受温度的影响(陈新军，2004)。海面温度直接或间接地影响渔场的分布及鱼类的洄游路线等(龙华，2005；Sundermeyer et al.，2006；Wang et al.，2009；苏艳莉，2015)。本书研究发现，温度对权重值的影响较大而且各个节点的权重差距较小，并未出现特别大或特别小的权重值。杨胜龙等(2010)、郭爱和陈新军(2009)、叶泰豪等(2012)、Fonteneau(2003)等的研究都发现，鲣鱼最适海面温度为 29.5～30℃。Lehodey 等(1997)等发现，鲣鱼作业渔场会随着暖池边缘 29℃等温线在经向上发生偏移。这些研究都表明温度是影响鱼类行为和渔场分布的关键性环境因子之一。也有部分学者研究发现，ENSO 现象对中西太平洋鲣鱼渔场分布也有很大的影响，但是本书利用 Nino 3.4 区的海面温度异常(SSTA)来表征 ENSO 现象，并将其作为输入因子加入预报模型。从最优模型的隐含层节点矩阵来看，尽管该因子所占的权重很小，但是这并不代表 ENSO 现象对鲣鱼渔场分布的影响小。受厄尔尼诺事件或拉尼娜事件的影响，这些异常年份的海水温度异常升高或降低，因此鱼类的产卵、洄游路线、渔场分布等鱼类行为也会随环境的改变而变化。但是这种影响与改变往往都存在一定的滞后性，如 Lu 等(1998)研究表明，ENSO 现象对长鳍金枪鱼产量的影响具有滞后性。郭爱和陈新军(2005)认为厄尔尼诺事件与渔场资源丰度关系密切，ENSO 年份的 CPUE 比正常年份偏高，CPUE 的变化相对 ENSO 指数有明显的 1～2 个月滞后期。李政纬(2005)研究发现 ENSO 现象对中西太平洋鲣鱼 CPUE 的影响有 10 个月的延迟。本书研究在预报模型中没有考虑各种环境因子对鲣鱼渔场分布的滞后性影响，这也可能是最优模型中 Nino 3.4 区 SSTA 权重较小的原因。

以捕捞努力量为预报因子的 7-5-1 最优预报模型结构的解释，以及各环境因子在模型中影响程度的结论与其他学者的研究结果基本上是一致的，这说明 BP 神经网络预报模型在鲣鱼渔场的预报中是可行的。当然，在后续的研究过程中还需要进一步提高模型预报的精度，如采用更好的预报模型、考虑更多的影响因子等，以更准确地对渔场进行预报。

4.2　基于不同气候条件的中西太平洋鲣鱼渔场预报

厄尔尼诺/拉尼娜事件会极大地影响鲣鱼的资源丰度(周甦芳等，2004)，进而影响渔场的分布及其渔获量。为此，本书以渔获量来表征渔场的空间分布。采用美国 NOAA 气候预报中心的标准定义推断厄尔尼诺事件和拉尼娜事件(李政纬，2005；周甦芳等，2004；周甦芳，2005)，当 Nino 3.4 区的 SSTA 连续 3 个月大于+0.5℃时，则认为是发生了厄尔尼诺事件；连续 3 个月小于-0.5℃时，则认为发生了拉尼娜事件；其他的情况则为正常情况。

将 1995～2014 年渔业捕捞数据与环境数据(SSTA)相匹配。并根据以上对异常环境事件的定义以及不同月份的划分结果，将 1995～2014 年的统计数据分为 3 类，分别为厄尔尼诺月份数据、拉尼娜月份数据以及正常月份数据，以备后续分析用。

将研究区域 5°S～5°N, 125°～180°E 以 5°×5°为空间统计单位划分为 22 个海区进行统计。对每个海区分别统计不同 SSTA 范围与所对应的初值化渔获量的关系，并利用正态分布模型建立每个海区的渔场预报模型。在 3 种气候条件下，分别选取 80%的数据进行上述统计及建模，并利用剩余 20%的数据进行验证，模型的优劣通过误差[变异系数(coefficient of variation，CV)]进行判断。变异系数 CV 的计算方式如下：

$$CV = \frac{V_{std}}{V_{mean}} \times 100\%$$

式中，V_{std} 为预测值标准差与实际值标准差之差；V_{mean} 为预测值的平均值与实际值平均值之差。

4.2.1　不同气候条件下产量情况

统计不同气候条件下(厄尔尼诺、拉尼娜和正常月份)中西太平洋鲣鱼月总产量，结果发现，1995～2014 年厄尔尼诺月总产量为 270.9×10⁴t，拉尼娜月总产量为 269.9×10⁴t，正常月总产量为 253.9×10⁴t；从月平均产量来看，厄尔尼诺月均产量为 2997.4t，拉尼娜月均产量为 2986.4t，正常月均产量为 2809.4t。总体来看，相比其他气候条件而言，正常月份产量要明显偏低(图 4-9)。

陈新军和郑波(2007)认为，中西太平洋鲣鱼高产渔区主要集中在 5°S～5°N、130°～175°E 海域，因此本书以 5°S～5°N, 125°～180°E 为研究海域进行分析。厄尔尼诺等极端气候条件会极大地影响鲣鱼的渔获量(周甦芳等，2004)，本章研究也认为，厄尔尼诺、拉尼娜月份的产量相对较高，这与中西太平洋暖池中心位置的变化有密切关系(Lehodey et al.，1997)。

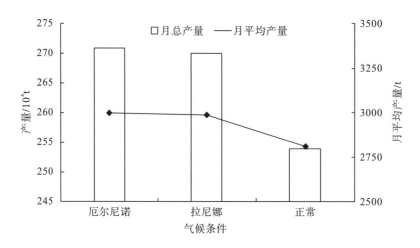

图 4-9　不同气候条件下鲣鱼月总产量及月平均产量

4.2.2　不同空间位置及气候条件下产量情况

根据不同空间位置统计 20 年的鲣鱼产量，结果发现不同空间以及不同气候条件下的产量有较大的差异。在 130°～145°E 海域，北纬 0°～5°产量明显高于南纬 0°～5°产量，同时这一海域正常月份的产量整体上比其他极端气候条件下的产量高；而在 145°～165°E 海域，无论南纬还是北纬，产量均相对较高，且拉尼娜月份产量均高于厄尔尼诺/正常月份的产量；在 165°E 以东海域，产量相对较低，其中南纬 0°～5°海域中，拉尼娜月份产量明显比厄尔尼诺、正常月份的产量低(图 4-10)。

本章研究发现，在 130°～145°E 海域，北纬产量明显高于南纬，这可能由于北纬地区的海域面积较大，可捕捞的面积也较大，而南纬地区大部分为陆地。145°～165°E 海域的产量较高，拉尼娜月份产量明显高于其他气候条件下的产量。鲣鱼的主要栖息地会随着海面温度的变化而变化(沈建华等，2006)。根据渔获量重心计算可知，在拉尼娜条件下，暖池位置较正常年份向西偏移，鲣鱼栖息位置偏西北(沈建华等，2006，汪金涛和陈新军，2013)，而赤道上升流海域丰富的饵料生物会随着季风向西输送(Raju，1964)，因此在拉尼娜条件下比较适合鲣鱼的生长。郭爱和陈新军(2005)认为，在气候正常年份，CPUE 相对偏低；厄尔尼诺和拉尼娜年份 CPUE 高于正常年份。在 165°E 以东海域，产量相对较低，且拉尼娜条件下的渔获量也迅速下降，这是由于该海域并非鲣鱼理想的栖息场所，在拉尼娜条件下，海面温度相对较低，更不利于鲣鱼的生长，因此也直接导致渔获量下降。

4.2.3　厄尔尼诺条件下渔场预报

分析表明，在厄尔尼诺气候条件下，研究海域的 SSTA 和 22 个海区的渔获量均呈正态分布，相关系数均达到 0.95 以上(P<0.01)(表 4-3)。所建立的模型均能很好地拟合 SSTA 与渔获量的关系。

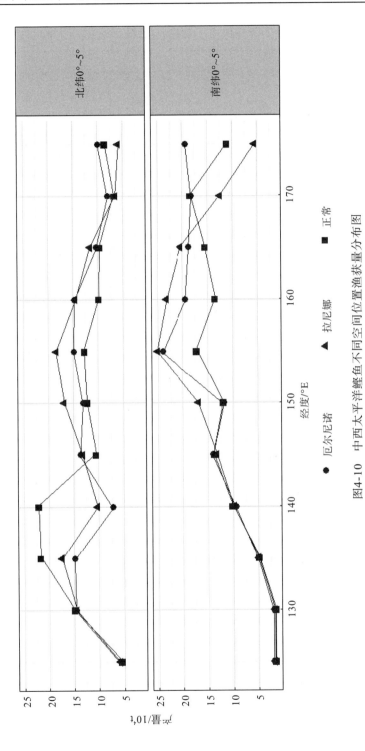

图4-10 中西太平洋鲣鱼不同空间位置渔获量分布图

表 4-3　厄尔尼诺气候条件下各个海区基于作业海域 SSTA 的模型

预报海区	模型	相关系数	P
0°~5°N、125°~130°E	$y=\exp(-5.5979\times(x_{SSTA}-0.8021)^2)$	0.9854	0.0001
0°~5°N、130°~135°E	$y=\exp(-4.7429\times(x_{SSTA}-0.8064)^2)$	0.9590	0.0001
0°~5°N、135°~140°E	$y=\exp(-5.2096\times(x_{SSTA}-0.7988)^2)$	0.9812	0.0001
0°~5°N、140°~145°E	$y=\exp(-7.5018\times(x_{SSTA}-0.3432)^2)$	0.9433	0.0001
0°~5°N、145°~150°E	$y=\exp(-4.6248\times(x_{SSTA}-0.5875)^2)$	0.9879	0.0001
0°~5°N、150°~155°E	$y=\exp(-3.0673\times(x_{SSTA}-0.7252)^2)$	0.9907	0.0001
0°~5°N、155°~160°E	$y=\exp(-8.2856\times(x_{SSTA}-0.7800)^2)$	0.9978	0.0001
0°~5°N、160°~165°E	$y=\exp(-7.7853\times(x_{SSTA}-0.8314)^2)$	0.9964	0.0001
0°~5°N、165°~170°E	$y=\exp(-9.6026\times(x_{SSTA}-0.7590)^2)$	0.9998	0.0001
0°~5°N、170°~175°E	$y=\exp(-11.2736\times(x_{SSTA}-0.7888)^2)$	0.9993	0.0001
0°~5°N、175°~180°E	$y=\exp(-2.3776\times(x_{SSTA}-1.0552)^2)$	0.9602	0.0001
0°~5°S、125°~130°E	$y=\exp(-6.6379\times(x_{SSTA}-0.7954)^2)$	0.9695	0.0001
0°~5°S、130°~135°E	$y=\exp(-5.8013\times(x_{SSTA}-0.8459)^2)$	0.9794	0.0001
0°~5°S、135°~140°E	$y=\exp(-6.0394\times(x_{SSTA}-0.8038)^2)$	0.9662	0.0001
0°~5°S、140°~145°E	$y=\exp(-4.1102\times(x_{SSTA}-0.7315)^2)$	0.9867	0.0001
0°~5°S、145°~150°E	$y=\exp(-5.7940\times(x_{SSTA}-0.7469)^2)$	0.9974	0.0001
0°~5°S、150°~155°E	$y=\exp(-6.2864\times(x_{SSTA}-0.8149)^2)$	0.9992	0.0001
0°~5°S、155°~160°E	$y=\exp(-5.6410\times(x_{SSTA}-0.8049)^2)$	0.9972	0.0001
0°~5°S、160°~165°E	$y=\exp(-5.8816\times(x_{SSTA}-0.8127)^2)$	0.9917	0.0001
0°~5°S、165°~170°E	$y=\exp(-4.9361\times(x_{SSTA}-0.8698)^2)$	0.9748	0.0001
0°~5°S、170°~175°E	$y=\exp(-3.0305\times(x_{SSTA}-0.9807)^2)$	0.9670	0.0001
0°~5°S、175°~180°E	$y=\exp(-7.0444\times(x_{SSTA}-0.8475)^2)$	0.9825	0.0001

注：y 为渔获量的百分比；x_{SSTA} 为 SSTA 对应的温度区间

4.2.4　拉尼娜条件下渔场预报

　　分析表明，在拉尼娜气候条件下，研究海域的 SSTA 和 22 个海区的渔获量均呈正态分布，相关系数均在 0.75 以上，大多数超过 0.9（$P<0.01$）（表 4-4）。所建立的模型均能很好地拟合 SSTA 与渔获量的关系。

表 4-4　拉尼娜气候条件下各个海区基于作业海域 SSTA 的模型

预报海区	模型	相关系数	P
0°~5°N、125°~130°E	$y=\exp(-1.8521\times(x_{SSTA}+0.9845)^2)$	0.8889	0.0013
0°~5°N、130°~135°E	$y=\exp(-4.6956\times(x_{SSTA}+0.8480)^2)$	0.9070	0.0007
0°~5°N、135°~140°E	$y=\exp(-5.1764\times(x_{SSTA}+0.7869)^2)$	0.9200	0.0004
0°~5°N、140°~145°E	$y=\exp(-6.2126\times(x_{SSTA}+0.7842)^2)$	0.9103	0.0007
0°~5°N、145°~150°E	$y=\exp(-4.3041\times(x_{SSTA}+0.6638)^2)$	0.8832	0.0016

预报海区	模型	相关系数	P
0°~5°N、150°~155°E	$y=\exp(-3.6987\times(x_{SSTA}+0.7910)^2)$	0.9321	0.0003
0°~5°N、155°~160°E	$y=\exp(-4.4774\times(x_{SSTA}+0.8024)^2)$	0.9637	0.0001
0°~5°N、160°~165°E	$y=\exp(-1.6900\times(x_{SSTA}+1.1041)^2)$	0.8338	0.0052
0°~5°N、165°~170°E	$y=\exp(-2.9772\times(x_{SSTA}+0.8849)^2)$	0.9937	0.0001
0°~5°N、170°~175°E	$y=\exp(-7.7695\times(x_{SSTA}+0.7775)^2)$	0.9995	0.0001
0°~5°N、175°~180°E	$y=\exp(-13.4103\times(x_{SSTA}+0.7219)^2)$	0.9998	0.0001
0°~5°S、125°~130°E	$y=\exp(-5.2559\times(x_{SSTA}+0.8116)^2)$	0.9002	0.0009
0°~5°S、130°~135°E	$y=\exp(-2.2070\times(x_{SSTA}+0.9393)^2)$	0.8789	0.0018
0°~5°S、135°~140°E	$y=\exp(-4.8626\times(x_{SSTA}+0.8309)^2)$	0.9276	0.0003
0°~5°S、140°~145°E	$y=\exp(-3.2849\times(x_{SSTA}+0.8775)^2)$	0.9769	0.0001
0°~5°S、145°~150°E	$y=\exp(-1.0235\times(x_{SSTA}+1.1773)^2)$	0.9532	0.0001
0°~5°S、150°~155°E	$y=\exp(-6.5684\times(x_{SSTA}+0.8125)^2)$	0.9350	0.0002
0°~5°S、155°~160°E	$y=\exp(-0.3671\times(x_{SSTA}+2.1170)^2)$	0.8596	0.0030
0°~5°S、160°~165°E	$y=\exp(-0.2408\times(x_{SSTA}+2.6194)^2)$	0.7884	0.0116
0°~5°S、165°~170°E	$y=\exp(-2.8603\times(x_{SSTA}+0.7727)^2)$	0.9263	0.0003
0°~5°S、170°~175°E	$y=\exp(-2.2309\times(x_{SSTA}+0.9879)^2)$	0.9884	0.0001
0°~5°S、175°~180°E	$y=\exp(-3.4454\times(x_{SSTA}+0.8715)^2)$	0.9797	0.0001

注：y 为渔获量的百分比；x_{SSTA} 为 SSTA 对应的温度区间

4.2.5　正常气候条件下渔场预报

分析表明，在正常气候条件下，研究海域的 SSTA 和 22 个海区的渔获量均呈正态分布，相关系数均在 0.95 以上（$P<0.01$）（表 4-5）。所建立的模型均能很好地拟合 SSTA 与渔获量的关系。

表 4-5　正常气候条件下各个海区基于作业海域 SSTA 的模型

预报海区	模型	相关系数	P
0°~5°N、125°~130°E	$y=\exp(-3.5649\times(x_{SSTA}+0.1236)^2)$	0.9966	0.0001
0°~5°N、130°~135°E	$y=\exp(-4.6598\times(x_{SSTA}+0.1183)^2)$	0.9955	0.0001
0°~5°N、135°~140°E	$y=\exp(-3.5891\times(x_{SSTA}+0.1166)^2)$	0.9957	0.0001
0°~5°N、140°~145°E	$y=\exp(-5.7834\times(x_{SSTA}+0.2052)^2)$	0.9999	0.0001
0°~5°N、145°~150°E	$y=\exp(-5.2043\times(x_{SSTA}+0.1879)^2)$	0.9995	0.0001
0°~5°N、150°~155°E	$y=\exp(-4.0428\times(x_{SSTA}+0.1355)^2)$	0.9978	0.0001
0°~5°N、155°~160°E	$y=\exp(-3.8892\times(x_{SSTA}+0.0660)^2)$	0.9867	0.0001

预报海区	模型	相关系数	P
0°~5°N、160°~165°E	$y=\exp(-3.7994\times(x_{SSTA}-0.0235)^2)$	0.9731	0.0001
0°~5°N、165°~170°E	$y=\exp(-3.5303\times(x_{SSTA}-0.0111)^2)$	0.9743	0.0001
0°~5°N、170°~175°E	$y=\exp(-3.5964\times(x_{SSTA}-0.0046)^2)$	0.9659	0.0001
0°~5°N、175°~180°E	$y=\exp(-4.0504\times(x_{SSTA}+0.0563)^2)$	0.9837	0.0001
0°~5°S、125°~130°E	$y=\exp(-3.7655\times(x_{SSTA}+0.0908)^2)$	0.9966	0.0001
0°~5°S、130°~135°E	$y=\exp(-4.3783\times(x_{SSTA}+0.1402)^2)$	0.9978	0.0001
0°~5°S、135°~140°E	$y=\exp(-4.6279\times(x_{SSTA}+0.1199)^2)$	0.9958	0.0001
0°~5°S、140°~145°E	$y=\exp(-4.2091\times(x_{SSTA}+0.1214)^2)$	0.9968	0.0001
0°~5°S、145°~150°E	$y=\exp(-2.8856\times(x_{SSTA}+0.0151)^2)$	0.9771	0.0001
0°~5°S、150°~155°E	$y=\exp(-3.6754\times(x_{SSTA}+0.1230)^2)$	0.9965	0.0001
0°~5°S、155°~160°E	$y=\exp(-3.9347\times(x_{SSTA}+0.2024)^2)$	0.9994	0.0001
0°~5°S、160°~165°E	$y=\exp(-4.2858\times(x_{SSTA}+0.1388)^2)$	0.9977	0.0001
0°~5°S、165°~170°E	$y=\exp(-3.9234\times(x_{SSTA}+0.0921)^2)$	0.9923	0.0001
0°~5°S、170°~175°E	$y=\exp(-3.6680\times(x_{SSTA}-0.0127)^2)$	0.9698	0.0001
0°~5°S、175°~180°E	$y=\exp(-4.5967\times(x_{SSTA}-0.0708)^2)$	0.9827	0.0001

注：y 为作业次数的百分比；x_{SSTA} 为 SSTA 对应的温度区间。

由 SSTA 与渔获量的关系可以发现，即使在不同的气候条件下，两者关系均符合正态分布（表 4-3~表 4-5）。相比较而言，拉尼娜条件下的相关系数相对偏低。这种变化与大尺度的环境变化有着密切的关系。周甦芳等（2004）、沈建华等（2006）对于中西太平洋鲣鱼渔场、时空分布与 ENSO 的关系研究发现，厄尔尼诺事件发生时，鲣鱼围网 CPUE 经度重心随着暖池的东扩而东移，拉尼娜事件发生时则随着暖池向西收缩而西移。鲣鱼的栖息地与中西太平洋暖池的范围有关。在厄尔尼诺事件发生时，暖池东扩使得鲣鱼的适宜栖息范围变大，因此整个研究海域的温度变化可以较好地与鲣鱼渔获量建立关系；而拉尼娜事件发生时，暖池向西收缩，这使得东部海域（160°E 以东）不适宜鲣鱼生长，渔获量减少，因此上述东部海域无法与拉尼娜事件发生时的渔获量建立更为良好的关系。

4.2.6 模型的验证

根据 80%的数据进行建模所得模型，利用剩余 20%的数据进行模型验证，将不同海区的 SSTA 数据代入模型，将获得的预报值与实际值进行比较。结果表明，3 种不同气候条件下的预报结果与实际统计值均存在显著相关关系（$P<0.01$）（图 4-11）。同时，这 3 种不同气候条件下所建立的模型均有着较高的相关系数，超过 0.6，拟合结果较好（图 4-11）。从误差（变异系数 CV）来看，3 种不同气候条件下建立的模型 CV 为 4.9%~6.7%，均小于 10%的误差区间。

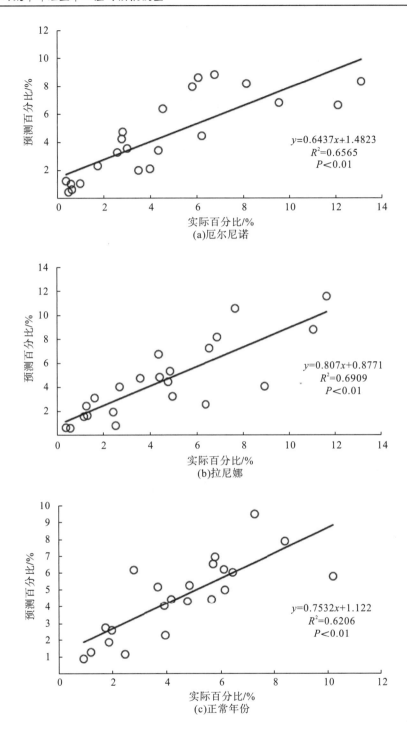

图 4-11　不同气候条件下基于 SSTA 的预测值与实际值的关系图

模型的检验结果表明，SSTA 能较好地表现出渔获量的变化规律，预测值与实际值百分比有着较大的关联度(图 4-11)。SSTA 反映出海面温度在一定时间内的变化，这可以很直观地分析不同环境条件下鲣鱼资源量的变化。在上述分析中，暖池的移动直接导致鲣鱼的渔获量在空间分布上发生了较大的变化，同时暖池的移动与相应的气候变化有着直接的关系。因此在对鲣鱼渔场预报的过程中，需要区分不同气候条件，以达到更准确的预报结果。以往的相似研究主要对 CPUE 或捕捞努力量的变化进行分析(Tian et al.，2009)，主要反映了相对资源量的丰度，在历年 CPUE 或捕捞努力量波动较大的情况下，更能反映渔场的真实情况。但从渔场预报的角度来说，直接获取的渔获量能够更加直观地反映该地区的资源量状况，尤其在近年来捕捞努力量已经趋于稳定的前提下，研究渔获量的变化对渔场预测更具有指导意义。

4.3 基于一元线性方程的中西太平洋鲣鱼渔场预报

渔业数据来源同第 2 章，环境数据来源同第 3 章。

渔场重心的表达。采用各月的产量重心来表达鲣鱼中心渔场的时空分布情况。以月为单位计算 1990～2010 年各月产量重心，各季度产量重心取三个月平均值。产量重心的计算公式为(陈新军等，2003)：

$$X = \sum_{i=a}^{k} C_i \cdot X_i / \sum_{i=1}^{k} C_i$$
$$Y = \sum_{i=a}^{k} C_i \cdot Y_i / \sum_{i=1}^{k} C_i$$

(4-1)

式中，X、Y 分别为产量重心的经度和纬度；C_i 为渔区 i 的产量；X_i、Y_i 分别为渔区 i 产量重心的经纬度；k 为渔区总数。

ENSO 指标计算及其与渔场重心的相关性分析。计算季度 ENSO 指标数据，即取三个月 Nino 3.4 区 SSTA 的平均值。采用线性相关方法，分别计算各季度产量重心经纬度与 SSTA 相关系数。

使用基于欧氏空间距离的聚类方法对各季度产量重心进行聚类，分析相关系数大且具有显著性的数据与季度 SSTA 的关系。

利用一元线性方程，建立基于 Nino 3.4 区 SSTA 季度平均值的鲣鱼渔场重心预测模型。

4.3.1 各年 1～12 月产量重心的变化分析

由图 4-12 可知，在经度方向上，各月份产量重心的分布规律如下：1 月分布在 147.07°～166.79°E 海域，2 月分布在 144.29°～160.08°E 海域，3 月分布在 143.84°～159.76°E 海域，4 月分布在 142.26°～162.02°E 海域，这几个月经度方向上分布相对集中。5 月分布在 138.33°～166.34°E 海域，6 月分布在 142.94°～165.06°E 海域，7 月分布在 142.76°～169.37°E 海域，8 月分布在 146.69°～165.05°E 海域，9 月分布在 143.4°～175.35°E 海域，10 月分布在 142.79°～176.6°E 海域，11 月分布在 144.96°～171.14°E 海域，这几个月经度方向上分布相对分散。12 月分布在 150.86°～162.84°E 海域。而在纬度方向上，渔场重心各月变化不大，分布在 4.78°S～3.51°N 海域。

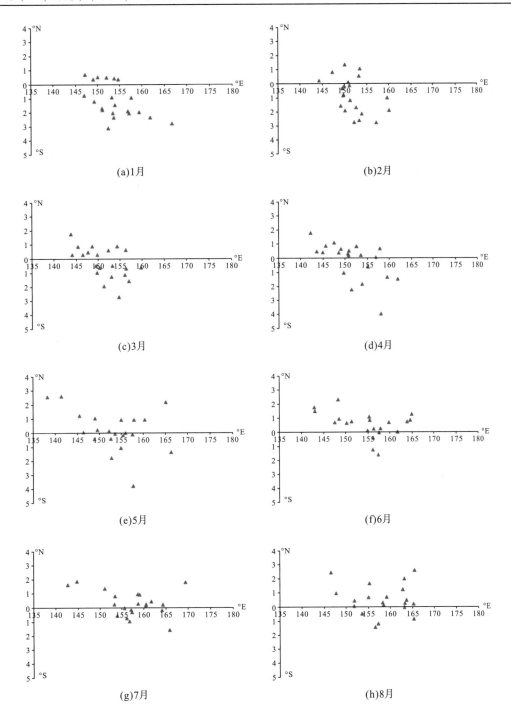

(a)1月 　　　 (b)2月

(c)3月 　　　 (d)4月

(e)5月 　　　 (f)6月

(g)7月 　　　 (h)8月

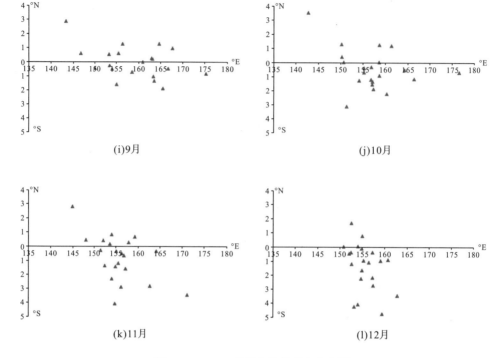

(i)9月   (j)10月

(k)11月   (l)12月

图 4-12 1～12 月鲣鱼渔场重心分布图

4.3.2 各年季度产量重心经纬度与 SSTA 的相关性分析

分析认为，经度上的季度产量重心和季度 SSTA 存在显著相关性（$R=0.35$，$P<0.01$，$n=84$）（图 4-13），但是纬度上的季度产量重心和季度 SSTA 没有明显相关性（$R=0.03$，$P<0.01$，$n=84$）（图 4-14）。

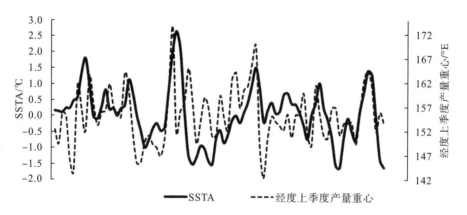

图 4-13 经度上季度产量重心和季度 SSTA 变化关系图

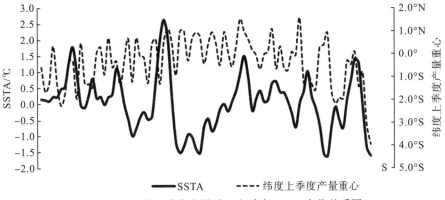

图 4-14　纬度上季度产量重心和季度 SSTA 变化关系图

4.3.3　各年季度产量重心经度分布与 SSTA 的关系

将各年季度产量重心通过基于最小欧氏距离进行聚类，得到四个类别(图 4-15)。四个类别数据的平均值如表 4-6 所示。由图 4-15 和表 4-6 可知，随着 SSTA 增大，产量重心经度向东偏，SSTA 越高，这种东偏趋势越明显。

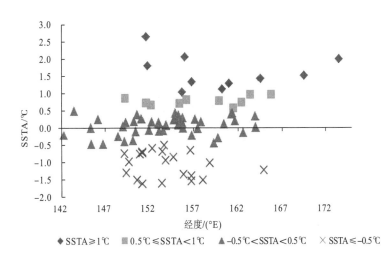

图 4-15　经度上季度产量重心类别与 SSTA 的关系

表 4-6　SSTA 区间和平均产量重心经度

SSTA	平均产量重心经度/° E
SSTA≤-0.5℃	153.96
-0.5℃＜SSTA＜0.5℃	153.91
0.5℃≤SSTA＜1℃	157.12
SSTA≥1℃	160.08

4.3.4 基于 SSTA 的鲣鱼产量重心经度预测模型

经度上产量重心的预测模型为

$$Y_E = 1.995 \times X_{SSTA} + 155.05 \tag{4-2}$$

式中，Y_E 表示经度；X_{SSTA} 表示 SSTA。

本节以季度为时间尺度，分析发现中西太平洋鲣鱼产量重心的变化与 ENSO 有密切关系，通常情况下，鲣鱼在 130°~180°E、20°N~15°S 海域均有分布。在厄尔尼诺事件(SSTA≥0.5℃)发生时，鲣鱼产量重心明显东移，在 151°E 以东；在拉尼娜事件(SSTA≤−0.5℃)发生时，鲣鱼产量重心有整体西移趋势。这与郭爱和陈新军(2005)、Lehodey 等(1997)的研究发现类似。

这种现象是鲣鱼本身的生物学特性以及受 ENSO 现象影响的赤道海洋环境(如海面温度、营养盐、温跃层等)相互作用的结果。鲣鱼是集群性强、高度洄游的鱼类，其群体的大范围移动主要受海洋环境大尺度的变化影响，如 ENSO 现象。所以当 SSTA 变化时，鲣鱼群体的分布状况也各不相同，尤其是强厄尔尼诺事件(SSTA≥1℃)发生时，鲣鱼产量重心随着暖池的东扩而东移。

本节只以季度为时间尺度研究了鲣鱼经度分布与表征 ENSO 现象的 SSTA 关系，建立的预测模型也较为简单，未考虑其他环境因子，今后应加入多环境因子，建立更完善的预测模型，更能明确解释中西太平洋的鲣鱼分布状况。

4.4 基于栖息地适应性指数模型的中西太平洋鲣鱼渔场预报

渔业数据来源同第 2 章，环境数据来源同第 3 章。

将渔业生产统计数据与环境因子数据处理成时间分辨率为季度(3 个月)，即 3~5 月、6~8 月、9~11 月和 12 月~次年 2 月共 4 个季度，空间分辨率为 5°×5°。

通常认为，捕捞努力量(作业天数)可以代表鱼类出现或是渔业资源被利用情况的指标，反映了鱼类偏好或者捕捞概率的分布(Andrade and Garcia, 1999)。根据 Gillis 等(2012)、Maunder 和 Punt(2004)的研究，CPUE 可作为渔业资源密度指标，本书研究分别利用作业网次和 CPUE 与环境因子建立栖息地适应性指数模型，通过比较 R^2(相关系数)决定最合适的指标，然后以此建立适应性指数(suitability index，SI)模型。

本节建模流程如图 4-16 所示。主要步骤：①利用外包络法(方学燕等，2014)建立适应性指数曲线方程；②利用几何平均模型(geometric mean model，GMM)和不同权重的算术平均模型(arithmetic mean model，AMM)计算栖息地适应性指数 HSI，HSI 为 0~1，0 代表不适应，1 代表最适应；③比较各种模型，分析获得最佳模型。

本节研究采用 AMM 和 GMM，计算方法为

$$HSI = \sqrt{SI_{SST} \cdot SI_{SSH}} \tag{4-3}$$

$$HSI = a \cdot SI_{SST} + b \cdot SI_{SSH} \tag{4-4}$$

式中，SI_{SST} 和 SI_{SSH} 分别为 SI 与 SST、SI 与 SSH 的适应性函数。a、b 为参数，满足公式 $a+b=1$，且 a 依次取 0、0.1、0.2、0.3、0.4、0.5、0.6、0.7、0.8、0.9、1。

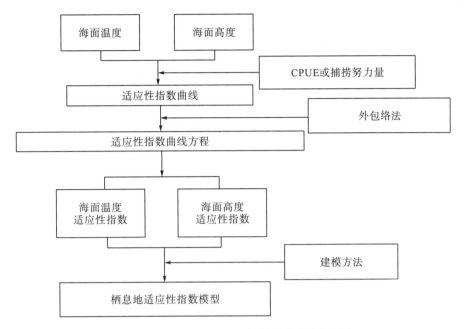

图 4-16　栖息地适应性指数模型的建模流程图

4.4.1　捕捞努力量（作业天数）、CPUE 和 SST 的关系

由图 4-17 可知，3～5 月捕捞努力量较高的集中在 SST 为 29～30℃的海域，CPUE 则较均匀地分布在 SST 为 27.5～30℃的海域，并在 31℃时到达峰值；6～8 月捕捞努力量较高的集中在 SST 为 28.5～30℃的海域，CPUE 较高值则一般分布在 SST 为 28.5～30.5℃的海域；9～11 月捕捞努力量较高的集中在 SST 为 29～30.5℃的海域，CPUE 则分布在 SST 为 27～31℃的海域；12 月～次年 2 月捕捞努力量较高的集中在 SST 为 28～30.5℃的海域，CPUE 则分布在 SST 为 26.5～30℃的海域，从 28℃开始随着 SST 升高呈上升趋势，并在 31℃时到达峰值。

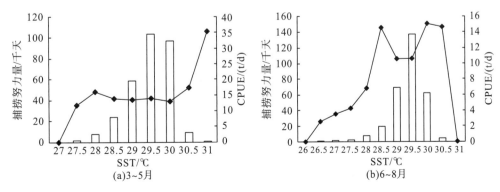

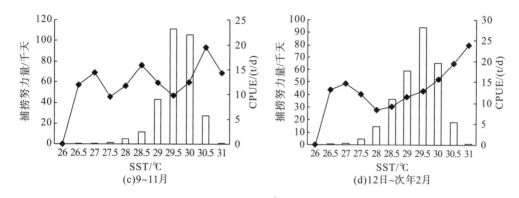

图 4-17　中西太平洋围网鲣鱼作业天数(捕捞努力量)、CPUE 与 SST 的关系

□捕捞努力量；—◆—CPUE

4.4.2　捕捞努力量(作业天数)、CPUE 和 SSH 的关系

由图 4-18 可知，3～5 月捕捞努力量较高的集中在 SSH 为 75～95cm 的海域，CPUE 较高值则一般分布在 SSH 为 55～105cm 的海域；6～8 月捕捞努力量较高的集中在 SSH 为 75～85cm 的海域，CPUE 较高值则一般分布在 SSH 为 55～85cm 的海域；9～11 月捕捞努力量较高的集中在 SSH 为 75～95cm 的海域，CPUE 较高值则一般分布在 SSH 为 55～95cm 的海域；12 月～次年 2 月捕捞努力量较高的集中在 SSH 为 65～95cm 的海域，CPUE 较高值则一般分布在 SSH 为 65～105cm 的海域。

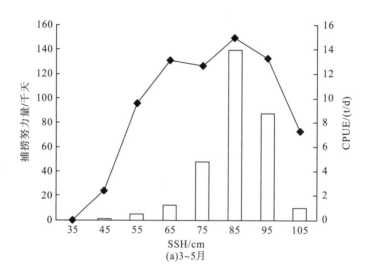

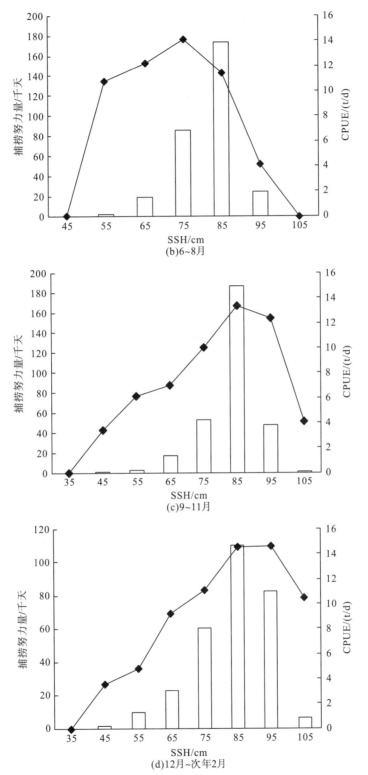

图 4-18　中西太平洋围网鲣鱼作业天数(捕捞努力量)、CPUE 与 SSH 的关系

□捕捞努力量；—◆—CPUE

在中西太平洋围网鲣鱼捕捞作业过程中，CPUE 与环境因子关系不显著，而作业天数与环境因子存在显著的关系，在其他鱼类的研究中也有类似的情况，如金岳和陈新军(2014)在研究秘鲁茎柔鱼栖息地适应性指数模型中也发现类似情况。原因可能是：①在每月 SST 和 SSH 较低或较高时，作业天数比较少，有的 SST 下只有一网次，受偶然因素的影响比较大。②在资源丰度较好的海区，渔船的数量也会比较多，渔船间的相互影响导致 CPUE 较小，而作业天数较大。同样，在资源丰度较差的海区，渔船数量少，作业天数较小，可能 CPUE 相对较大。③可能还有其他一些因素的影响，如海况等。

本章根据作业天数和 SST、SSH 的关系，得到了中西太平洋围网鲣鱼渔场空间分布的一些初步规律，对于 SST，作业渔场多分布在 SST 为 28～30.5℃的海域，约占总作业天数的 95%以上；对于 SSH，作业渔场多分布在 SSH 为 65～95cm 的海域，约占总作业天数的 90%以上。

4.4.3　正态分布回归分析、绘制单个环境因子的适应性指数曲线

将捕捞努力量、CPUE 和环境因子(SST、SSH)的关系进行正态分布回归分析(表 4-7)。由表 4-7 可知，除了 12 月～次年 2 月 CPUE 和 SSH 建立的正态分布回归分析中的 R^2 大于捕捞努力量和 SSH 建立的正态分布回归分析中的 R^2，其余 CPUE 和 SSH、SST 建立的正态分布回归分析中的 R^2 均小于捕捞努力量和 SSH、SST 所建立的正态分布回归分析中的 R^2，因此捕捞努力量与 SST 和 SSH 的关系更能说明中西太平洋围网鲣鱼渔场与 SST、SSH 的关系。利用外包络法绘制基于捕捞努力量的适应性指数 SI，其 SI 模型如表 4-8 所示。

表 4-7　以捕捞努力量、CPUE 为基础，与环境因子(SST、SSH)的相关系数 R^2 比较

月份	环境因子	以捕捞努力量为基础的 R^2	以 CPUE 为基础的 R^2
3～5 月	SST	0.9495	0.7401
	SSH	0.9937	0.9011
6～8 月	SST	0.9914	0.7535
	SSH	0.9850	0.8560
9～11 月	SST	0.9832	0.5506
	SSH	0.9911	0.8800
12 月～次年 2 月	SST	0.9763	0.7529
	SSH	0.9678	0.9757

表 4-8　中西太平洋围网鲣鱼适应性指数曲线方程

月份	SST/℃	SSH/cm
3～5 月	$SI_{SST} = \begin{cases} \dfrac{2}{5} \times SST - 27 & 27 \leqslant SST \leqslant 29.5 \\ \dfrac{2}{3} \times (31 - SST) & 29.5 < SST \leqslant 31 \end{cases}$	$SI_{SSH} = \begin{cases} \dfrac{1}{50} \times (SSH - 35) & 35 \leqslant SSH \leqslant 85 \\ \dfrac{1}{20} \times (105 - SSH) & 85 < SSH \leqslant 105 \end{cases}$

续表

月份	SST/℃	SSH/cm
6~8 月	$\mathrm{SI_{SST}} = \begin{cases} \frac{2}{7} \times (\mathrm{SST} - 26) & 26 \leqslant \mathrm{SST} \leqslant 29.5 \\ \frac{2}{3} \times (31 - \mathrm{SST}) & 29.5 < \mathrm{SST} \leqslant 31 \end{cases}$	$\mathrm{SI_{SSH}} = \begin{cases} \frac{1}{40} \times (\mathrm{SSH} - 45) & 45 \leqslant \mathrm{SSH} \leqslant 85 \\ \frac{1}{20} \times (105 - \mathrm{SSH}) & 85 < \mathrm{SSH} \leqslant 105 \end{cases}$
9~11 月	$\mathrm{SI_{SST}} = \begin{cases} \frac{2}{7} \times (\mathrm{SST} - 26) & 26 \leqslant \mathrm{SST} \leqslant 29.5 \\ \frac{2}{3} \times (31 - \mathrm{SST}) & 29.5 < \mathrm{SST} \leqslant 31 \end{cases}$	$\mathrm{SI_{SSH}} = \begin{cases} \frac{1}{50} \times \mathrm{SSH} - 35 & 35 \leqslant \mathrm{SSH} \leqslant 85 \\ \frac{1}{20} \times (105 - \mathrm{SSH}) & 85 < \mathrm{SSH} \leqslant 105 \end{cases}$
12 月~次年 2 月	$\mathrm{SI_{SST}} = \begin{cases} \frac{2}{7} \times (\mathrm{SST} - 26) & 26 \leqslant \mathrm{SST} \leqslant 29.5 \\ \frac{2}{3} \times (31 - \mathrm{SST}) & 29.5 < \mathrm{SST} \leqslant 31 \end{cases}$	$\mathrm{SI_{SSH}} = \begin{cases} \frac{1}{50} \times (\mathrm{SSH} - 35) & 35 \leqslant \mathrm{SSH} \leqslant 85 \\ \frac{1}{20} \times (105 - \mathrm{SSH}) & 85 < \mathrm{SSH} \leqslant 105 \end{cases}$

在使用相同权重的 AMM 和 GMM 计算 HSI 时，相同权重的 AMM 计算 HSI≥0.6 的海域，其产量比例和作业天数比例均大于 GMM 的比例。因此，AMM 更适用于计算中西太平洋鲣鱼的栖息地适应性指数。这在陈程等(2016)对摩洛哥底层拖网渔业、余为和陈新军(2012)对印度洋西北海域鸢乌贼、陈新军等(2012)对西北太平洋柔鱼、丁琪等(2015)对阿根廷滑柔鱼的研究中，也有一致的研究结果，研究均表明 AMM 优于 GMM，说明各种海洋环境的乘积效应或者相互干扰的效应对海洋鱼类的影响还是比较小，因为在 GMM 中，基于某一因子的 SI 为 0，其 HSI 也为 0，可能对其计算结果产生影响，但上述研究种类均为适应环境因子较广的种类,因此针对这些种类的 HSI 计算 GMM 可能不太适用。

4.4.4　几何平均模型(GMM)和相同权重的算术平均模型(AMM)的比较

利用 GMM 和相同权重的 AMM 计算，得到 HSI≥0.6 的情况下作业天数和渔获量(产量)比例(表 4-9)，由表 4-9 可知，在同一时间段，无论是作业天数比例还是产量比例，基于 AMM 计算得到的 HSI≥0.6 的比例均高于基于 GMM 得到的比例。因此，相同 AMM 更能较好地反映中西太平洋围网鲣鱼栖息地适应性指数。

表 4-9　基于 AMM 和 GMM 计算获得 HSI≥0.6 的作业次数和渔获量比例

月份	GMM		AMM	
	作业天数比例/%	产量比例/%	作业天数比例/%	产量比例/%
3~5 月	84.02	87.32	86.75	90.66
6~8 月	95.88	96.84	96.66	97.30
9~11 月	91.37	88.84	93.88	92.85
12 月~次年 2 月	80.72	79.98	83.98	84.61

4.4.5　AMM 在不同权重下的比较

在不同权重下，由 AMM 计算得到 HSI≥0.6 的情况下作业天数和渔获量(产量)比例如表 4-10 所示。分析认为，3～5 月，作业天数和产量比例分别在 $a=0.7$、$a=0.5$ 时最大；6～8 月，$a=0.6$ 时，作业天数和产量比例在同一时间内最大；9～11 月，作业天数和产量比例分别在 $a=0.4$、$a=0.1$ 时最大；12 月～次年 2 月，作业天数和产量比例分别在 $a=0.7$、$a=0.6$ 时最大（表 4-10）。

表 4-10 1995～2012 年 AMM 不同权重下 HSI≥0.6 的作业天数和产量的比例

月份	$a=0$		$a=0.1$		$a=0.2$		$a=0.3$	
	作业天数比例/%	产量比例/%	作业天数比例/%	产量比例/%	作业天数比例/%	产量比例/%	作业天数比例/%	产量比例/%
3～5 月	77.25	82.48	78.81	83.73	81.00	85.82	82.41	87.30
6～8 月	91.70	93.52	93.09	94.42	94.78	95.18	95.94	96.52
9～11 月	92.25	94.95	93.13	95.32	93.71	95.28	94.17	94.78
12 月～次年 2 月	72.85	74.69	74.15	75.78	78.53	78.77	80.20	80.59

月份	$a=0.4$		$a=0.5$		$a=0.6$		$a=0.7$	
	作业天数比例/%	产量比例/%	作业天数比例/%	产量比例/%	作业天数比例/%	产量比例/%	作业天数比例/%	产量比例/%
3～5 月	85.80	89.68	86.75	90.66	90.07	90.84	90.75	90.51
6～8 月	96.27	96.93	96.66	97.30	96.72	97.75	96.15	97.51
9～11 月	94.74	94.30	93.88	92.85	91.81	88.89	89.10	84.49
12 月～次年 2 月	82.09	82.47	83.98	84.61	86.66	86.80	86.71	85.34

月分	$a=0.8$		$a=0.9$		$a=1$	
	作业天数比例/%	产量比例/%	作业天数比例/%	产量比例/%	作业天数比例/%	产量比例/%
3～5 月	90.38	89.96	87.53	87.38	85.56	84.61
6～8 月	95.72	96.93	94.62	95.89	93.16	94.11
9～11 月	87.23	81.63	85.07	79.05	81.69	75.83
12 月～次年 2 月	85.46	83.88	84.31	82.07	82.74	80.47

本章比较不同权重的 AMM，目的是探讨不同季节中环境因子对 HSI 是否有影响，预报精度是否得到提高。研究认为，3～5 月 SST 和 SSH 的最佳权重分别为 0.7 和 0.3，6～8 月 SST 和 SSH 的权重分别为 0.6 和 0.4，9～11 月 SST 和 SSH 的权重分别为 0.3 和 0.7，12 月～次年 2 月 SST 和 SSH 的权重分别为 0.6 和 0.4，这一研究认为，在不同季节主要环境因子可能会变为次要环境因子，比如 3～5 月水温是主要影响因子，而 9～11 月变为次要因子。同时也发现，考虑权值之后，其预报精度有了一定提高。在胡振明等（2010）对秘鲁外海茎柔鱼的研究和胡贯宇等（2015）对阿根廷柔滑鱼的研究中也有类似的结果。

4.4.6　模型的验证

根据表 4-10 的结果分析得到最优栖息地适应性指数模型，计算 2013 年中西太平洋围网鲣鱼 HSI，并与实际生产情况比较（表 4-11）。结果表明，3～5 月，HSI≥0.6 的海域最优模型的作业天数比例和产量比例分别为 77.79% 和 89.16%；6～8 月分别为 84.74% 和 95.24%；9～11 月分别为 93.30% 和 88.14%；12 月～次年 2 月分别 95.84% 和 92.67%，整体上优于相同权重的算术平均法。

表 4-11　2013 年基于两种模型计算的 HSI 下作业天数比例和产量比例

| HSI | 3～5 月 | | | | 6～8 月 | | | |
| | 算术平均法 | | AMM(a=0.7) | | 算术平均法 | | AMM(a=0.6) | |
	作业天数比例/%	产量/%	作业天数比例/%	产量/%	作业天数比例/%	产量/%	作业天数比例/%	产量/%
[0,0.2)	0.00	0.00	0.00	0.00	0.00	0.00	0.00	0.00
[0.2,0.4)	0.00	0.00	0.00	0.00	0.00	0.00	0.00	0.00
[0.4,0.6)	27.81	14.39	22.21	10.84	15.82	4.9	15.26	4.76
[0.6,0.8)	47.55	55.64	46.93	42.00	25.81	28.06	29.88	33.61
[0.8,1)	24.64	29.97	30.86	47.16	58.37	67.04	54.86	61.63
HSI≥0.6	72.19	85.61	77.79	89.16	84.18	95.10	84.74	95.24

| HSI | 9～11 月 | | | | 12 月～次年 2 月 | | | |
| | 算术平均法 | | AMM(a=0.3) | | 算术平均法 | | AMM(a=0.6) | |
	作业天数比例/%	产量/%	作业天数比例/%	产量/%	作业天数比例/%	产量/%	作业天数比例/%	产量/%
[0,0.2)	0.00	0.00	0.00	0.00	0.00	0.00	0.00	0.00
[0.2,0.4)	0.75	1.65	0.00	0.00	0.00	0.00	1.19	1.79
[0.4,0.6)	6.00	11.23	6.70	11.87	4.16	7.33	2.97	5.54
[0.6,0.8)	49.40	42.77	54.65	33.16	44.64	49.55	42.68	50.71
[0.8,1)	43.85	44.35	38.65	54.98	51.20	43.12	53.16	41.96
HSI≥0.6	93.25	87.12	93.30	88.14	95.84	92.67	95.84	92.67

注：a 为 SST 的权重。

本章中，在考虑海洋环境因子时只考虑了 SST 和 SSH 两个因子，但在实际生产中，中心渔场实际受影响的情况非常复杂，能够影响渔场的环境因子也还有很多，如叶绿素浓度、海面盐度等，鱼类的栖息地不仅受环境因子的影响，还受一些生物和非生物关系的影响，如饵料等食物链关系、季风海流等，因此在以后的研究中可在模型中加入更多的生物、非生物因子及其交互作用的影响，进行更深入的探究。

在栖息地适应性指数模型中利用历史数据来研究鱼类的分布情况得到的只是初步的模型，并且由不同年份做出的栖息地适应性指数模型均不一致，还需要用大量的实际生产数据对其进行校准和验证。同时，如果研究使用的数据年限较少，则会存在一定的偶然性，故在今后的研究中要积累长时间序列的数据，结合商业生产数据，建立更加全面综合的渔情预报模型。

第5章　中西太平洋鲣鱼入渔指数模型

已有研究表明,厄尔尼诺事件、拉尼娜事件与中西太平洋鲣鱼资源渔场分布关系密切。Hampton(1997)和Hampton等(1999)认为,鲣鱼的渔场重心分布会随ENSO现象产生相应的迁移。周甦芳(2005)认为,厄尔尼诺事件发生时,鲣鱼围网单位捕捞努力量渔获量经度重心较正常年份向东偏10°~20°,拉尼娜事件发生时则向西偏10°~20°。汪金涛和陈新军(2013)认为,当Nino 3.4区海面温度异常值由低到高变化时,鲣鱼渔场重心也逐渐由西向东偏。由此发现,中西太平洋鲣鱼围网渔场受环境的影响,其各年单位捕捞努力量渔获量有着很大的差异。以上的研究都局限于讨论环境因子与渔场分布之间的关系,然而在中西太平洋海域共有12个国家和地区,鲣鱼围网渔场基本上处在他国专属经济区管辖范围内(《世界大洋性渔业概况》编写组,2011;农业部渔业渔政管理局,2014),目前上述国家均实行作业天数限制,因此在这样的背景下,如何指导企业科学地入渔他国是重要的研究课题。为此,本书根据1995~2012年中西太平洋鲣鱼生产统计数据,试图通过建立基于捕捞努力量的鲣鱼围网渔业入渔决策模型,为我国中西太平洋鲣鱼围网渔业企业科学入渔提供决策依据。

渔业数据来源同第2章,海面温度数据来源同第3章。根据SPC提供的生产统计数据,以经纬度5°×5°空间分辨率为一个研究单元。按纬度方向每5°统计纬度方向各海区累计捕捞努力量分布情况(图5-1)。经统计分析,5°S~5°N、125°~180°E海域共计22个海区为最重要的作业海域,其作业次数约占总量的87.4%。所以本章以上述5°S~5°N、125°~180°E海域的22个5°×5°海区作为分析对象。

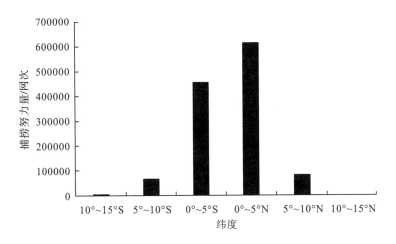

图5-1　中西太平洋金枪鱼围网各纬度海区的捕捞努力量分布图

研究表明,捕捞努力量可以作为表征中心渔场的指标之一(Tian et al.,2009;Chen et al.,2011)。因此本章选取投网网次来表征入渔指标的特征值。首先对捕捞努力量进行初值化处理,将 Nino 3.4 指数(SSTA)和作业海域 SST 以 0.5℃为间距,计算出每个海区对应不同 Nino 3.4 指数范围所占的百分比[式(5.1)],再将所得的百分比除以该海区内占比最大的值[式(5.2)]:

$$N_{i,j} = \frac{X_{i,j}}{X_j} \tag{5-1}$$

$$\overline{N_{i,j}} = \frac{N_{i,j}}{\max N_{i,j}} \tag{5-2}$$

式中,X_j 代表在 j 海区捕捞努力量的总量;$X_{i,j}$ 代表在 j 海区内 i 温度范围内捕捞努力量;$N_{i,j}$ 代表在 j 海区 i 温度范围内捕捞努力量的百分比;$\max N_{i,j}$ 代表在 j 海区 i 温度范围内捕捞努力量百分比的最大值;$\overline{N_{i,j}}$ 代表在 j 海区 i 温度范围内捕捞努力量的百分比与百分比最大值的比值,其值为 0~1,并以此作为入渔指数。

将 1995~2010 年 22 个海区生产统计数据与对应的环境数据进行逐一匹配处理,分别统计每个海区不同的 SSTA、SST 范围与所对应的初值化捕捞努力量的关系,利用正态分布模型建立每个海区的入渔指数模型。

建立基于 SSTA 和 SST 的入渔指数模型,利用 2011 年和 2012 年的生产数据进行验证,并对上述两类模型进行比较。通过比较预测值和实际值的相关系数 R^2 判断模型的优劣。

5.1 捕捞努力量空间分布

由图 5-2 可知,0°~5°N、130°~135°E;0°~5°N、135°~140°E 和 0°~5°S、135°~140°E 为捕捞努力量分布最多的海区,所占比例分别为 18.90%、16.84%和 9.34%,而其他海域捕捞努力量相对较低,均在 5%以下。

在本书研究中,通过对纬度方向进行分析后发现,中西太平洋海域鲣鱼围网作业区域集中在 5°S~5°N,该区域的捕捞努力量占整个研究区域(15°S~15°N、125°~180°E)总捕捞努力量的 87.40%,且 0°~5°N 占 50.29%,高于 0~5°S 所占比例(37.11%)(图 5-1)。陈新军和郑波(2007)认为,中西太平洋鲣鱼高产渔区空间位置主要集中在 5°S~5°N、130°~175°E 海域,这与本研究的结果相符。在本书研究的海区内,北纬地区所占的海域面积较大,而南纬地区所占的海域面积较小,因此也直接造成北纬地区的捕捞努力量较高。在经度方向上鲣鱼捕捞努力量空间分布的差异也较大(图 5-2),所占比例最高的区域为 125°~135°E,可能是因为东太平洋上升流受季风的影响,将大量的营养盐随洋流向西流动,同时该海域也是南赤道流和赤道逆流的交界处,属于陆源边界流的一部分,因此初级生产力也相对较高,比较适宜鲣鱼的生长。同时,从统计结果可以看出,在 140°E 以西且经度相同范围内,北纬海域所占比例要高于南纬,而在 140°E 以东范围内,则是南纬海域所占比例要高于北纬。沈建华等(2006)认为,中西太平洋鲣鱼渔获量重心在厄尔尼诺年位置比较

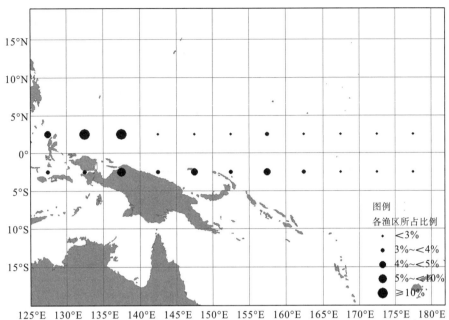

图 5-2　中西太平洋 22 个海区捕捞努力量所占比例的空间分布示意图

偏东偏南，在拉尼娜年位置比较偏西偏北。其研究结果也与本研究研究的空间变化规律的结果一致，这也与中西太平洋暖池中心位置的变化有关（Lehodey et al.，1997）。因此海流的分布和不同环境下的影响对捕捞努力量都有着较大的影响。

5.2　基于 Nino 3.4 区 SSTA 的入渔指数模型

分析表明，Nino 3.4 区的 SSTA 和 22 个海区的初值化捕捞努力量（又称入渔指数）之间均呈正态分布（$P<0.01$）（表 5-1），且峰值均在$-0.25\sim0.25$℃（图 5-3）。

表 5-1　各个海区基于 Nino 3.4 区 SSTA 的入渔指数模型

预报单元	模型	相关系数 R^2	P
$0°\sim5°$N、$125°\sim130°$E	$y=\mathrm{EXP}(-0.7582\times(x_{\mathrm{SSTA}}+0.0990)^2)$	0.9462	0.0001
$0°\sim5°$N、$130°\sim135°$E	$y=\mathrm{EXP}(-0.7468\times(x_{\mathrm{SSTA}}+0.1225)^2)$	0.9492	0.0001
$0°\sim5°$N、$135°\sim140°$E	$y=\mathrm{EXP}(-0.7520\times(x_{\mathrm{SSTA}}+0.0953)^2)$	0.9371	0.0002
$0°\sim5°$N、$140°\sim145°$E	$y=\mathrm{EXP}(-3.5755\times(x_{\mathrm{SSTA}}-0.2922)^2)$	0.9647	0.0001
$0°\sim5°$N、$145°\sim150°$E	$y=\mathrm{EXP}(-4.5820\times(x_{\mathrm{SSTA}}-0.1545)^2)$	0.9514	0.0001
$0°\sim5°$N、$150°\sim155°$E	$y=\mathrm{EXP}(-2.5529\times(x_{\mathrm{SSTA}}-0.0930)^2)$	0.8879	0.0014
$0°\sim5°$N、$155°\sim160°$E	$y=\mathrm{EXP}(-1.7693\times(x_{\mathrm{SSTA}}-0.1123)^2)$	0.9445	0.0001
$0°\sim5°$N、$160°\sim165°$E	$y=\mathrm{EXP}(-1.3309\times(x_{\mathrm{SSTA}}-0.0754)^2)$	0.8963	0.0011
$0°\sim5°$N、$165°\sim170°$E	$y=\mathrm{EXP}(-2.0162\times(x_{\mathrm{SSTA}}-0.0471)^2)$	0.9652	0.0001
$0°\sim5°$N、$170°\sim175°$E	$y=\mathrm{EXP}(-0.7942\times(x_{\mathrm{SSTA}}+0.0107)^2)$	0.9542	0.0001

预报单元	模型	相关系数 R^2	P
0°～5°N、175°～180°E	$y=\mathrm{EXP}\left(-2.058\times(x_{\mathrm{SSTA}}-0.1552)^2\right)$	0.9700	0.0001
0°～5°S、125°～130°E	$y=\mathrm{EXP}\left(-0.7653\times(x_{\mathrm{SSTA}}+0.1297)^2\right)$	0.9613	0.0001
0°～5°S、130°～135°E	$y=\mathrm{EXP}\left(-0.7638\times(x_{\mathrm{SSTA}}+0.1335)^2\right)$	0.9599	0.0001
0°～5°S、135°～140°E	$y=\mathrm{EXP}\left(-0.7837\times(x_{\mathrm{SSTA}}+0.1217)^2\right)$	0.9580	0.0001
0°～5°S、140°～145°E	$y=\mathrm{EXP}\left(-2.5445\times(x_{\mathrm{SSTA}}-0.2220)^2\right)$	0.9610	0.0001
0°～5°S、145°～150°E	$y=\mathrm{EXP}\left(-1.6767\times(x_{\mathrm{SSTA}}-0.0607)^2\right)$	0.9624	0.0001
0°～5°S、150°～155°E	$y=\mathrm{EXP}\left(-1.4449\times(x_{\mathrm{SSTA}}+0.0696)^2\right)$	0.9292	0.0003
0°～5°S、155°～160°E	$y=\mathrm{EXP}\left(-1.0188\times(x_{\mathrm{SSTA}}-0.0006)^2\right)$	0.9708	0.0001
0°～5°S、160°～165°E	$y=\mathrm{EXP}\left(-0.9379\times(x_{\mathrm{SSTA}}-0.0601)^2\right)$	0.9095	0.0007
0°～5°S、165°～170°E	$y=\mathrm{EXP}\left(-1.0403\times(x_{\mathrm{SSTA}}+0.0087)^2\right)$	0.9713	0.0001
0°～5°S、170°～175°E	$y=\mathrm{EXP}\left(-1.0703\times(x_{\mathrm{SSTA}}-0.0995)^2\right)$	0.9911	0.0001
0°～5°S、175°～180°E	$y=\mathrm{EXP}\left(-1.2191\times(x_{\mathrm{SSTA}}-0.1445)^2\right)$	0.9330	0.0002

注：y 为入渔指数；x_{SSTA} 为 SSTA 对应的温度区间

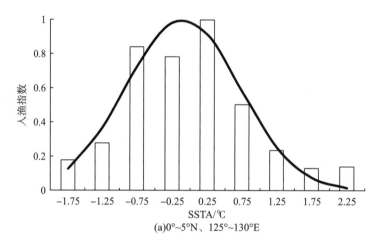

(a)0°~5°N、125°~130°E

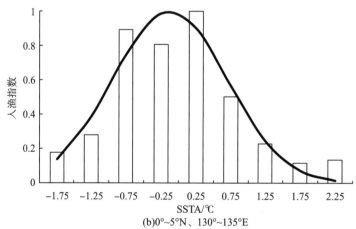

(b)0°~5°N、130°~135°E

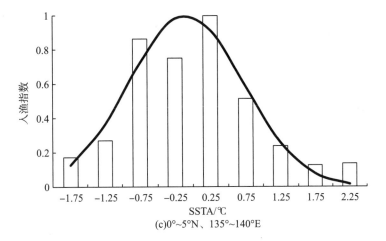

(c)0°~5°N、135°~140°E

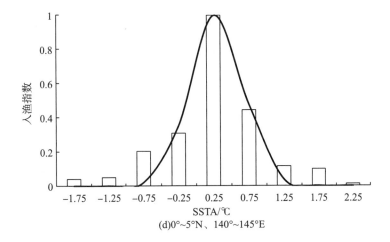

(d)0°~5°N、140°~145°E

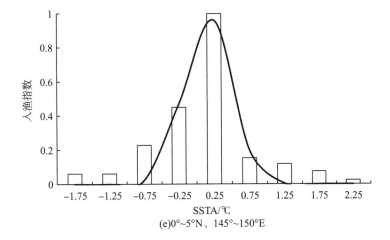

(e)0°~5°N、145°~150°E

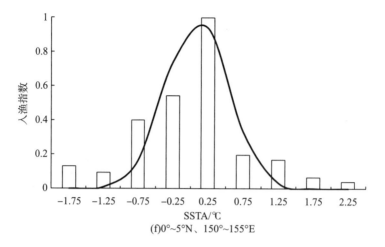

(f)0°~5°N、150°~155°E

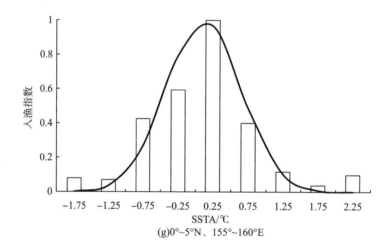

(g)0°~5°N、155°~160°E

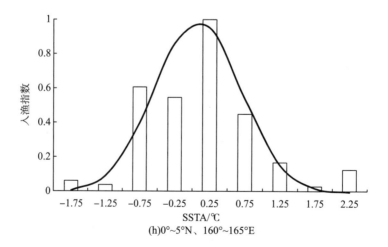

(h)0°~5°N、160°~165°E

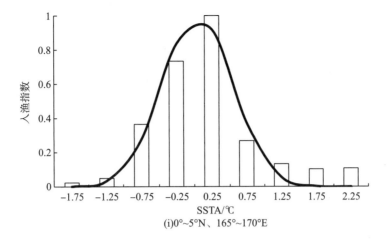

(i)0°~5°N、165°~170°E

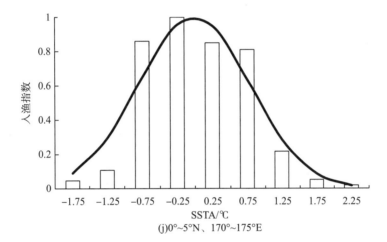

(j)0°~5°N、170°~175°E

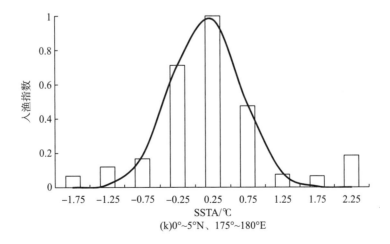

(k)0°~5°N、175°~180°E

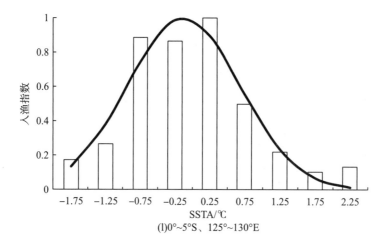

(l)0°~5°S、125°~130°E

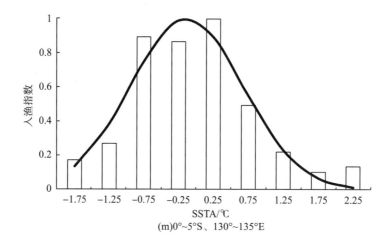

(m)0°~5°S、130°~135°E

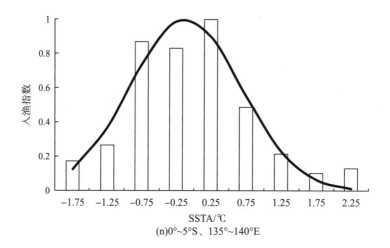

(n)0°~5°S、135°~140°E

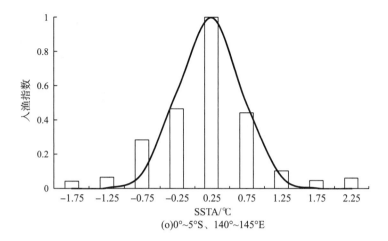

(o)0°~5°S、140°~145°E

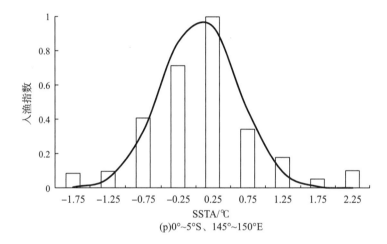

(p)0°~5°S、145°~150°E

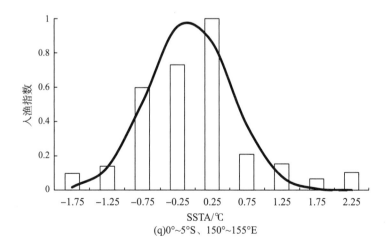

(q)0°~5°S、150°~155°E

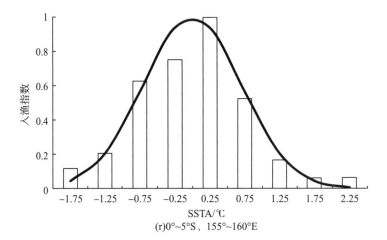

(r)0°~5°S、155°~160°E

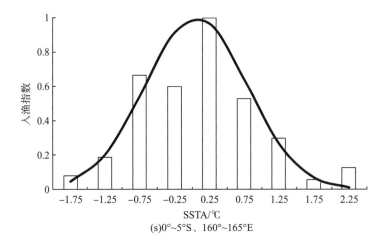

(s)0°~5°S、160°~165°E

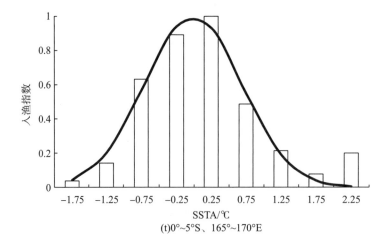

(t)0°~5°S、165°~170°E

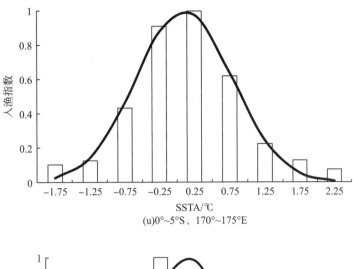

(u)0°~5°S、170°~175°E

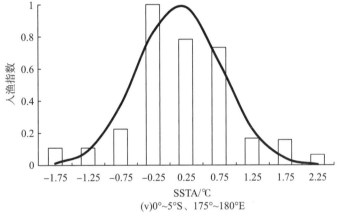

(v)0°~5°S、175°~180°E

图 5-3　Nino 3.4 区 SSTA 与各海区入渔指数关系

注：横坐标中，0.25℃代表 SSTA 为 0~0.5℃时对应的区间，-1.25℃代表-1.5~(-1)℃所对应的区间

　　由 Nino 3.4 区 SSTA 与捕捞努力量的关系可以发现，北纬海域捕捞努力量的峰值主要分布在-0.25℃附近(图 5-3)；在南纬海域中，捕捞努力量的大多数峰值主要分布在 0.25℃附近(图 5-3)。这种变化与大尺度的海洋环境变化有着密切的关系。沈建华等(2006)、周甦芳(2005)及周甦芳等(2004)对于中西太平洋鲣鱼渔场、时空分布与 ENSO 之间关系都做了相关研究报道，指出在厄尔尼诺事件发生时，鲣鱼围网单位捕捞努力量渔获量经度重心随着暖池的东扩而东移，拉尼娜事件发生时则随着暖池向西收缩而西移。但 ENSO 现象会导致南北纬空间分布上的差异，需要进一步的研究。

5.3　基于作业海域 SST 的入渔指数模型

　　分析表明，作业海域的 SST 和 22 个海区的入渔指数之间均呈正态分布，相关系数均在 0.85 以上($P<0.01$)(表 5-2)。作业渔场基本上分布在 SST 为 27.5~30.5℃的海域，且

峰值都分布在 SST 为 29.0～29.5℃的海域(图 5-4)。

表 5-2　各个海区基于作业海域 SST 的入渔指数模型

预报单元	模型	相关系数 R^2	P
0°～5°N、125°～130°E	$y=\mathrm{EXP}(-1.3097\times(x_{\mathrm{SST}}-28.9562)^2)$	0.9780	0.0001
0°～5°N、130°～135°E	$y=\mathrm{EXP}(-2.3738\times(x_{\mathrm{SST}}-29.2748)^2)$	0.9866	0.0001
0°～5°N、135°～140°E	$y=\mathrm{EXP}(-1.9601\times(x_{\mathrm{SST}}-29.3172)^2)$	0.9915	0.0001
0°～5°N、140°～145°E	$y=\mathrm{EXP}(-3.5777\times(x_{\mathrm{SST}}-29.4581)^2)$	0.9982	0.0001
0°～5°N、145°～150°E	$y=\mathrm{EXP}(-3.0178\times(x_{\mathrm{SST}}-29.3616)^2)$	0.9949	0.0001
0°～5°N、150°～155°E	$y=\mathrm{EXP}(-5.4220\times(x_{\mathrm{SST}}-29.4818)^2)$	0.9926	0.0001
0°～5°N、155°～160°E	$y=\mathrm{EXP}(-4.2629\times(x_{\mathrm{SST}}-29.4214)^2)$	0.9746	0.0001
0°～5°N、160°～165°E	$y=\mathrm{EXP}(-1.8096\times(x_{\mathrm{SST}}-29.2157)^2)$	0.9763	0.0001
0°～5°N、165°～170°E	$y=\mathrm{EXP}(-0.9017\times(x_{\mathrm{SST}}-28.9556)^2)$	0.9375	0.0002
0°～5°N、170°～175°E	$y=\mathrm{EXP}(-1.3720\times(x_{\mathrm{SST}}-28.9761)^2)$	0.9151	0.0005
0°～5°N、175°～180°E	$y=\mathrm{EXP}(-0.9960\times(x_{\mathrm{SST}}-28.8531)^2)$	0.9720	0.0001
0°～5°S、125°～130°E	$y=\mathrm{EXP}(-0.9418\times(x_{\mathrm{SST}}-28.9547)^2)$	0.8733	0.0021
0°～5°S、130°～135°E	$y=\mathrm{EXP}(-1.0022\times(x_{\mathrm{SST}}-29.0060)^2)$	0.8658	0.0025
0°～5°S、135°～140°E	$y=\mathrm{EXP}(-2.4252\times(x_{\mathrm{SST}}-29.2177)^2)$	0.9911	0.0001
0°～5°S、140°～145°E	$y=\mathrm{EXP}(-2.1608\times(x_{\mathrm{SST}}-29.3482)^2)$	0.9974	0.0001
0°～5°S、145°～150°E	$y=\mathrm{EXP}(-1.9407\times(x_{\mathrm{SST}}-29.3892)^2)$	0.9872	0.0001
0°～5°S、150°～155°E	$y=\mathrm{EXP}(-2.3564\times(x_{\mathrm{SST}}-29.5865)^2)$	0.9957	0.0001
0°～5°S、155°～160°E	$y=\mathrm{EXP}(-1.7244\times(x_{\mathrm{SST}}-29.5416)^2)$	0.9944	0.0001
0°～5°S、160°～165°E	$y=\mathrm{EXP}(-1.3631\times(x_{\mathrm{SST}}-29.3466)^2)$	0.9931	0.0001
0°～5°S、165°～170°E	$y=\mathrm{EXP}(-1.3044\times(x_{\mathrm{SST}}-29.1658)^2)$	0.9960	0.0001
0°～5°S、170°～175°E	$y=\mathrm{EXP}(-1.1302\times(x_{\mathrm{SST}}-29.2428)^2)$	0.9566	0.0001
0°～5°S、175°～180°E	$y=\mathrm{EXP}(-2.8965\times(x_{\mathrm{SST}}-29.4323)^2)$	0.8971	0.0001

注：y 为入渔指数；x_{SST} 为 SST 对应的温度区间

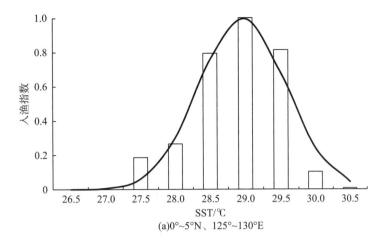

(a)0°~5°N、125°~130°E

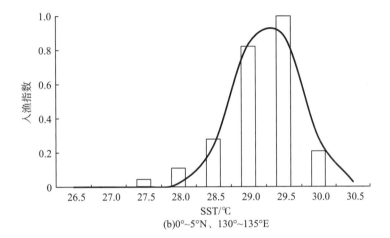

(b)0°~5°N、130°~135°E

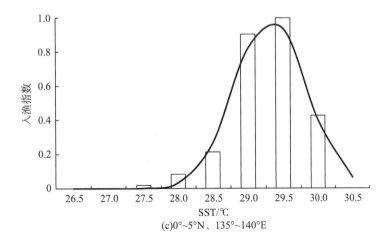

(c)0°~5°N、135°~140°E

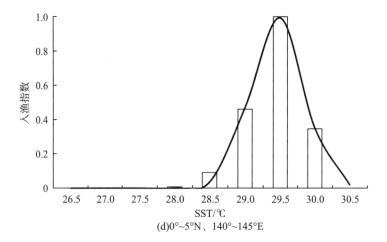

(d)0°~5°N、140°~145°E

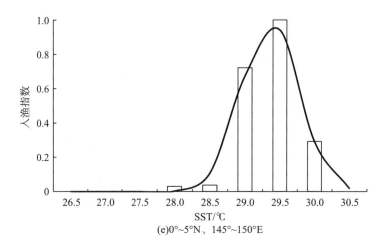

(e)0°~5°N、145°~150°E

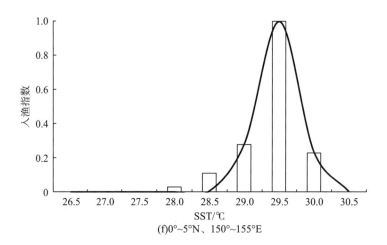

(f)0°~5°N、150°~155°E

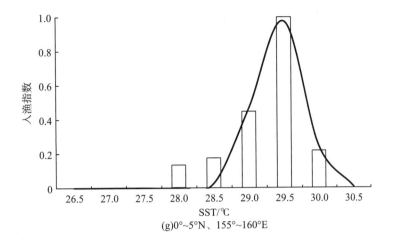

(g)0°~5°N、155°~160°E

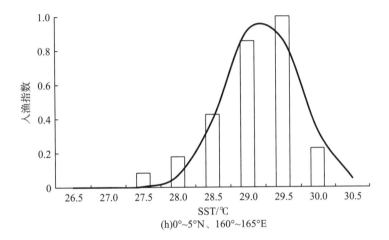

(h)0°~5°N、160°~165°E

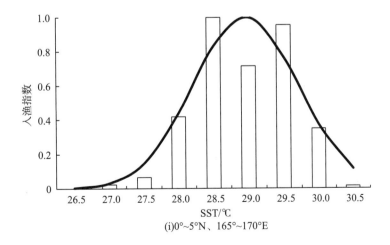

(i)0°~5°N、165°~170°E

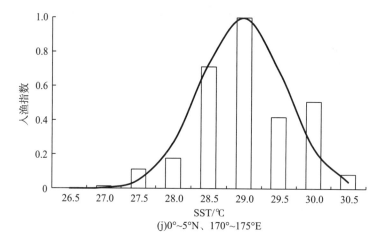

(j)0°~5°N、170°~175°E

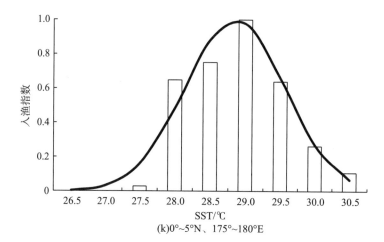

(k)0°~5°N、175°~180°E

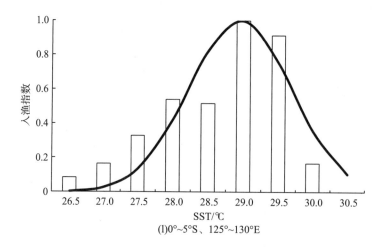

(l)0°~5°S、125°~130°E

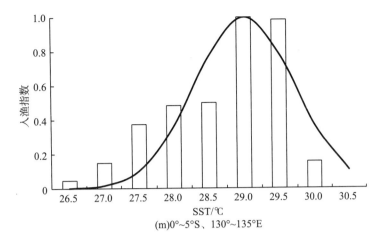

(m)0°~5°S、130°~135°E

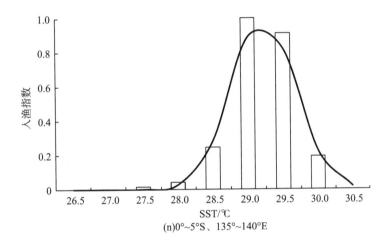

(n)0°~5°S、135°~140°E

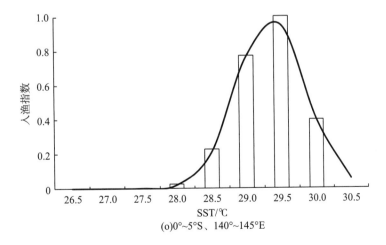

(o)0°~5°S、140°~145°E

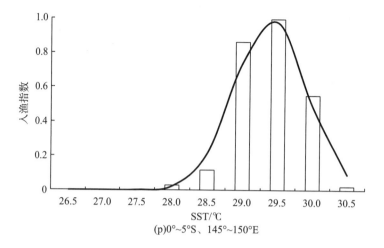

(p)0°~5°S、145°~150°E

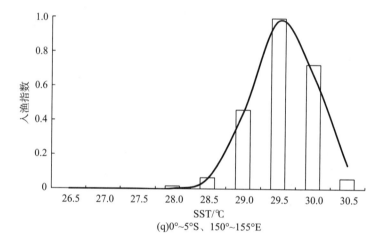

(q)0°~5°S、150°~155°E

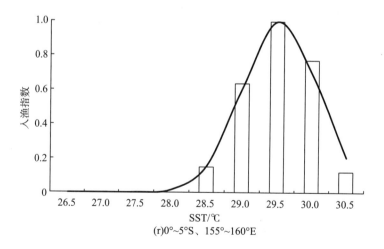

(r)0°~5°S、155°~160°E

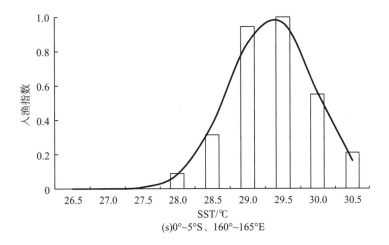

(s)0°~5°S、160°~165°E

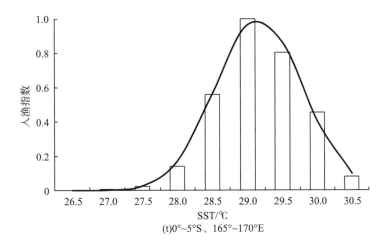

(t)0°~5°S、165°~170°E

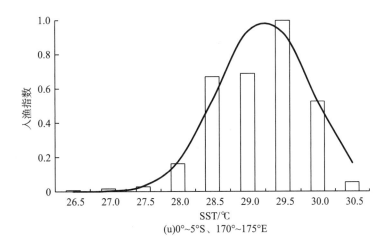

(u)0°~5°S、170°~175°E

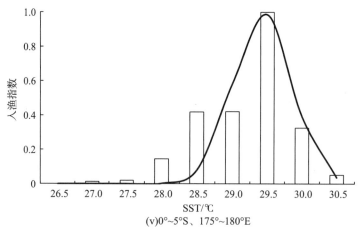

图 5-4 作业海区 SST 与各海区入渔指数关系

注：横坐标中，每个数值代表 SST 为其自身值和该值增加 0.5℃对应的区间，如 28.0℃代表 28.0～28.5℃所对应的区间

由图 5-4 可知，作业海域的 SST 与捕捞努力量关系也呈正态分布。鲣鱼是一种恒温性鱼类，周围环境的温度会对其运动造成很大的影响。唐浩等(2013)等利用 GAM 研究中西太平洋鲣鱼生活海域的环境因子对鲣鱼渔场的影响，发现鲣鱼的渔场主要集中在 SST 为 28～30℃的海域，其中 29℃的海域作业次数最多。杨胜龙等(2010)、郭爱和陈新军(2009)、叶泰豪等(2012)都对中西太平洋鲣鱼渔场最适 SST 做了研究，也得出了相对一致的结论，最适 SST 为 28.5～31℃。Lehodey 等(1997)发现中西太平洋暖池边缘与 29℃等温线重合，且鲣鱼作业渔场会随着暖池边缘 29℃等温线在经向上发生偏移，因此研究认为鲣鱼主要分布在中西太平洋的暖池边缘附近。

5.4 入渔指数模型的验证

将 2011 年与 2012 年 Nino 3.4 区的 SSTA，以及各作业海域的 SST 分别代入各自的入渔指数模型，获得的预报值与实际值进行比较。结果表明，预报结果与实际统计值之间均存在显著相关关系($P<0.01$)(表 5-3)。其中，2011 年的 SSTA 预测值与实际值的相关系数高于 SST 所对应的相关系数(图 5-5、图 5-6)。

表 5-3 预测值与实际值回归方程

因子	年份	回归方程	P
SSTA	2011	$y = 1.1979x - 0.8996$	$P<0.01$
	2012	$y = 0.9391x + 0.2767$	$P<0.01$
SST	2011	$y = 1.0248x - 0.1126$	$P<0.01$
	2012	$y = 1.1613x - 0.7333$	$P<0.01$

注：x 为实际百分比；y 为预测百分比

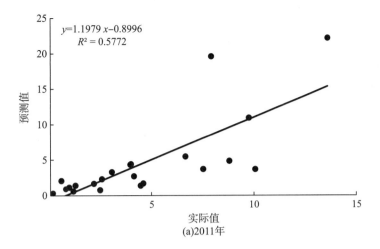

(a)2011年

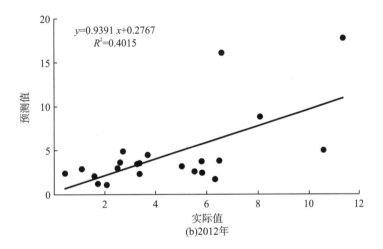

(b)2012年

图 5-5　基于 SSTA 的入渔预测值与实际值的关系图

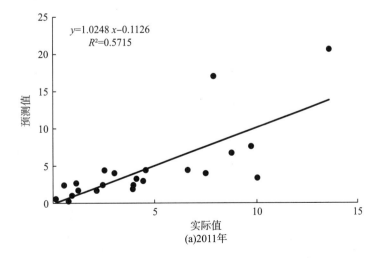

(a)2011年

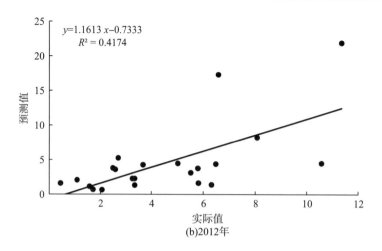

图 5-6 基于 SST 的入渔预测值与实际值的关系图

从预测值和实际值的结果来看(表 5-4 和表 5-5),无论使用哪一项参数,实际排名第一和第三的海区与预测的结果都一致。排名前四的其他结果也只是在排序上有一定差异,总体来看预测值与实际值的结果有很强的一致性。

表 5-4　2011 年实际值与预测值结果比较

排名	2011 年实际值	基于 Nino 3.4 区 SSTA 的预测值	基于作业海域 SST 的预测值
1	0°～5°N、130°～135°E(13.58%)	0°～5°N、130°～135°E(22.19%)	0°～5°N、130°～135°E(20.63%)
2	0°～5°S、145°～150°E(10.02%)	0°～5°N、135°～140°E(19.62%)	0°～5°N、135°～140°E(17.01%)
3	0°～5°S、135°～140°E(9.72%)	0°～5°S、135°～140°E(10.96%)	0°～5°S、135°～140°E(7.60%)
4	0°～5°S、155°～160°E(8.77%)	0°～5°N、125°～130°E(5.51%)	0°～5°S、155°～160°E(6.71%)
5	0°～5°N、135°～140°E(7.90%)	0°～5°S、155°～160°E(4.88%)	0°～5°N、150°～155°E(4.43%)
6	0°～5°S、150°～155°E(7.50%)	0°～5°S、125°～130°E(4.44%)	0°～5°N、125°～130°E(4.43%)
7	0°～5°N、125°～130°E(6.63%)	0°～5°S、130°～135°E(4.36%)	0°～5°N、155°～160°E(4.42%)
8	0°～5°N、150°～155°E(4.57%)	0°～5°S、150°～155°E(3.72%)	0°～5°S、160°～165°E(4.03%)
9	0°～5°S、140°～145°E(4.44%)	0°～5°S、145°～150°E(3.70%)	0°～5°S、150°～155°E(4.00%)
10	0°～5°S、165°～170°E(4.11%)	0°～5°S、160°～165°E(3.31%)	0°～5°S、145°～150°E(3.37%)

表 5-5　2012 年实际值与预测值结果比较

排名	2012 年实际值	基于 Nino 3.4 区 SSTA 的预测值	基于作业海域 SST 的预测值
1	0°～5°N、130°～135°E(11.35%)	0°～5°N、130°～135°E(17.74%)	0°～5°N、130°～135°E(21.92%)
2	0°～5°S、145°～150°E(10.58%)	0°～5°N、135°～140°E(16.10%)	0°～5°N、135°～140°E(17.33%)
3	0°～5°S、135°～140°E(8.08%)	0°～5°S、135°～140°E(8.81%)	0°～5°S、135°～140°E(8.24%)
4	0°～5°N、135°～140°E(6.58%)	0°～5°S、145°～150°E(5.00%)	0°～5°S、155°～160°E(5.27%)
5	0°～5°S、150°～155°E(6.49%)	0°～5°S、155°～160°E(4.89%)	0°～5°S、145°～150°E(4.50%)

续表

排名	2012 年实际值	基于 Nino 3.4 区 SSTA 的预测值	基于作业海域 SST 的预测值
6	0°~5°S、175°~180°E(6.32%)	0°~5°N、125°~130°E(4.48%)	0°~5°N、150°~155°E(4.49%)
7	0°~5°S、170°~175°E(5.82%)	0°~5°S、150°~155°E(3.80%)	0°~5°S、150°~155°E(4.40%)
8	0°~5°S、140°~145°E(5.80%)	0°~5°S、140°~145°E(3.37%)	0°~5°N、125°~130°E(4.28%)
9	0°~5°N、145°~150°E(5.53%)	0°~5°N、155°~160°E(3.63%)	0°~5°N、140°~145°E(3.81%)
10	0°~5°N、150°~155°E(5.03%)	0°~5°S、125°~130°E(3.54%)	0°~5°S、140°~145°E(3.78%)

　　模型的检验结果表明，无论是 Nino 3.4 区的 SSTA 还是作业海域的 SST，都能很好地表现出鲣鱼空间分布的变化规律。同时在排名前十的海区中，预测值与实际值也有很强的关联(表 5-4 和表 5-5)。前人主要针对鲣鱼渔场分布与环境因子的关系进行研究，但极少有研究涉及渔场预报并对模型结果进行验证(周甦芳，2005；周甦芳等，2004；沈建华等，2006；陈新军和郑波，2007；叶泰豪等，2012；唐浩等，2013；汪金涛和陈新军，2013)。有的也仅仅使用某一局限性的数据进行分析，这并不能全面地表征中西太平洋鲣鱼渔场的特点(汪金涛和陈新军，2013)。以往的相似研究往往对鲣鱼 CPUE 的变化进行分析，很少会考虑到捕捞努力量的变化。CPUE 主要反映了相对资源量的丰度，捕捞努力量则反映了人类行为的趋势，这在 Chen 等(2011)、Tian 等(2009)对西北太平洋柔鱼(*Ommastrephes bartramii*)栖息地的研究中均有所证明，研究发现在建立适应性指数模型时，捕捞努力量比 CPUE 更为重要。一些学者认为，基于 CPUE 的栖息地适应性指数模型会高估最适栖息地的范围，同时也会低估最适栖息地空间分布的月变动(Tian et al.，2009)。因此，基于捕捞努力量的栖息地适应性指数模型在定义最适栖息地时有着更好的效果。

　　本章根据 1995~2012 年中西太平洋鲣鱼围网捕捞渔业生产数据，分析了捕捞努力量在空间分布上的变化规律，同时建立了捕捞努力量和 Nino 3.4 区指数以及作业海域 SST 的关系，并建立基于 Nino 3.4 区 SSTA 以及 SST 的预报模型，通过验证结果显示，模型预报精度较高，为后续的科学入渔提供了一定的依据。本书研究所用渔业数据来自南太平洋渔业委员会，空间分辨率为 5°×5°，数据量丰富且时间序列长，目前在入渔指导结果上只能做到 5°×5° 区域预报，但是预报结果良好，可以为后续的研究提供方法支撑。为了提高入渔决策的精度，在后续的研究中应收集、获取更高分辨率的渔业生产数据。同时，为了更完整地体现整个变化规律，减少捕捞的盲目性从而提高捕捞效率，在后续研究中应考虑更多的环境因子，结合航程、燃油成本、入渔成本等进行分析，建立基于成本、效益等因子的中西太平洋鲣鱼渔业入渔决策系统，为渔业企业提供更全面的决策依据。

第6章 极端气候对鲣鱼资源丰度的影响及 其预测模型

国内外已有诸多学者对中西太平洋鲣鱼资源渔场分布及其与海洋环境的关系做了大量研究。研究表明，厄尔尼诺事件、拉尼娜事件与中西太平洋鲣鱼资源渔场分布关系密切。鲣鱼的分布会随 ENSO 现象的发生产生相应的迁移，表明鲣鱼对温度的变化非常敏感(Hampton，1997；《世界大洋性渔业概况》编写组，2011)。同时，中西太平洋鲣鱼围网渔场受 ENSO 现象的影响，当厄尔尼诺事件发生时，鲣鱼围网单位捕捞努力量渔获量经度重心较正常年份向东偏10°～20°，拉尼娜年则向西偏10°～20°(周甦芳，2005)。而 Nino 3.4 区海面温度异常值由低到高变化时，鲣鱼渔场重心也逐渐由西向东偏(汪金涛和陈新军，2013)。以上研究均为针对中西太平洋鲣鱼的渔场分布变化的研究，而渔场的变化也与鱼类资源量的变化有着密切的关系，对其资源量变化与 ENSO 现象的关系进行的研究还未见报道。同时，由于鲣鱼的产卵场与产卵时期还不明确，海洋环境因素对其资源量的影响程度仍未知。为此，本章根据1995～2010年的中西太平洋鲣鱼生产统计数据和 Nino 3.4 区海面温度异常(SSTA)数据进行研究，分析不同气候环境下鲣鱼栖息地分布特征，以期得到厄尔尼诺事件、拉尼娜事件对中西太平洋鲣鱼资源量的影响规律，同时根据灰色系统理论，采用灰色关联分析和灰色系统预测建模方法，分析影响鲣鱼资源丰度的气候因子，建立鲣鱼资源丰度的灰色系统预测模型，以利于更好地开发利用中西太平洋鲣鱼渔业资源。

6.1 厄尔尼诺事件期间鲣鱼栖息地分布特征

渔业数据和 CPUE 计算同第2章，渔业数据使用1995～2010年产量数据。厄尔尼诺事件、拉尼娜事件定义请参考4.2节。

相关研究表明，作业次数可代表鱼类出现即栖息地或鱼类利用情况的指标(Andrade and Garcia，1999)。因此，利用作业次数(NET)与 SST、SSH 的关系来建立栖息地适应性指数模型。以 SST=1℃为间距，以 SSH=5cm 为间距，统计1995～2010年 $5° \times 5°$ 渔区($20°$N～$20°$S、$120°$E～$160°$W)的作业次数频度分布图。

通过各个厄尔尼诺时期的作业次数(NET)与 SST、SSH 的关系建立栖息地适应性指数模型，本书假定最高作业次数 NET_{max} 为鲣鱼资源量和栖息地分布最多的海域，认为其适应性指数 SI 为1；而作业次数为0次时，通常认为是鲣鱼资源量和栖息地分布很少的海域，认为其 SI 为 0(Mohri，1999)。

SI 计算公式如下：

$$SI_{NET} = \frac{NET}{NET_{max}} \qquad (6\text{-}1)$$

式中，SI_{NET} 为月作业次数为基础获得的适应性指数；NET_{max} 为该月月的最大作业次数；利用正态函数分布法建立 SST 和 SI、SSH 与 SI 的关系模型。利用 Origin 8.6 软件求解。通过建立模型，将 SST、SSH 和 SI 的离散变量关系转化为连续随机变量关系。

利用算术平均法计算得到 HSI 模型。HSI 为 0(不适宜)~1(最适宜)。其计算公式如下：

$$HSI = \frac{1}{2}\left(SI_{SST} + SI_{SSH}\right) \qquad (6\text{-}2)$$

式中，SI_{SST} 和 SI_{SSH} 分别表示 SI 与 SST、SI 与 SSH 的适应性指数。

根据上述建立的 HSI 模型，对 2009 年 10~12 月(弱厄尔尼诺)、2006 年 9~12 月(中厄尔尼诺)、2010 年 1~3 月(强厄尔尼诺)的 SI 与实际作业渔场进行验证，进而探讨预测渔场的可能性和鲣鱼栖息地的分布特征。

6.1.1 产量、作业次数(NET)与 SST 和 SSH 的关系

通过对 1995~2010 年数据进行分析，以 SST 来看，作业次数集中分布在 28~31℃ 的海域占总作业次数的 97.38%，尤其是 29~30℃ 海域的作业次数占总作业次数的 66.52%；产量也集中分布在 28~31℃ 的海域，占总产量的 98.46%，尤其集中在 29~30℃ 的海域，占总产量的 65.09%；从 SSH 来看，作业次数和产量都集中分布在 74~99cm 的海域，作业次数占总作业次数的 88.03%，产量占总产量的 85.78%。鲣鱼栖息地主要分布在 SST 为 28~31℃ 和 SSH 为 74~99cm 的海域(图 6-1)。

6.1.2 产量、作业次数(NET)在经度上的时空分布

从产量和作业次数来看，鲣鱼主要分布在 125°~175°E，其中 125°~175°E 区域产量占总产量的 93.46%，在 125°~175°E 的作业频次占总作业次数的 93.65%。鲣鱼在中西太平洋海域的主要栖息地也在 125°~175°E(图 6-2)。

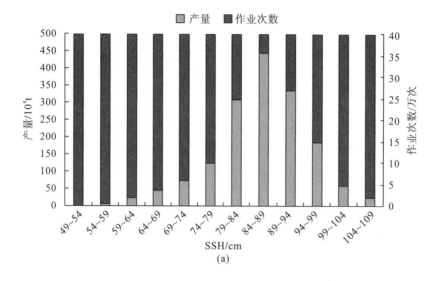

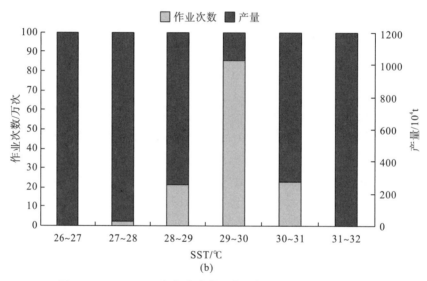

图 6-1　1995~2010 年作业次数、产量与 SST 和 SSH 的关系

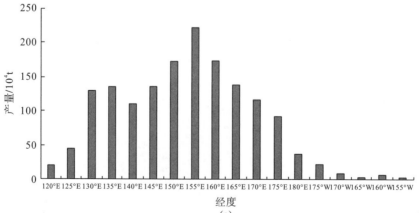

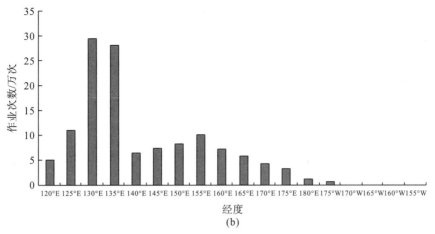

图 6-2　1995～2010 年中西太平洋海域作业次数、产量的经度分布范围

6.1.3　厄尔尼诺事件对鲣鱼栖息地分布的影响

分析认为，弱厄尔尼诺时期，作业次数主要分布在 SST 为 28.5～30℃和 SSH 为 75～90cm 的海域，分别占总作业次数的 89.2%和 81.93%［图 6-3（a）、图 6-3（b）］；中厄尔尼诺时期，作业次数主要分布在 SST 为 28～30℃和 SSH 为 65～85cm 的海域，分别占总作业次数的 91.84%和 74.8%［图 6-3（c）、图 6-3（d）］；强厄尔尼诺时期，作业次数主要分布在 SST 为 28.5～30℃和 SSH 为 60～85cm 的海域，分别占总作业次数的 91.13%和 94.31%［图 6-3（e）、图 6-3（f）］。

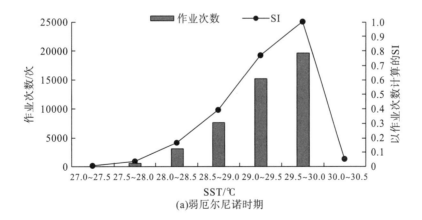

(a)弱厄尔尼诺时期

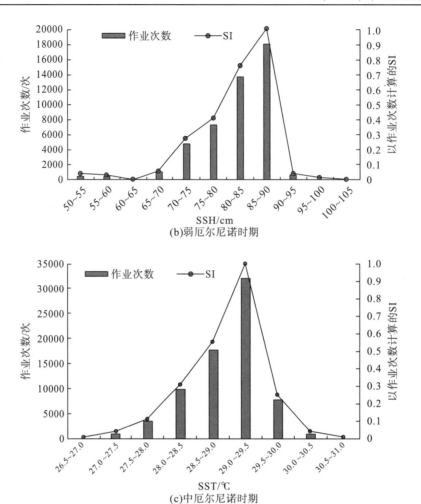

(b)弱厄尔尼诺时期

(c)中厄尔尼诺时期

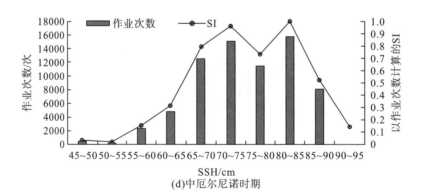

(d)中厄尔尼诺时期

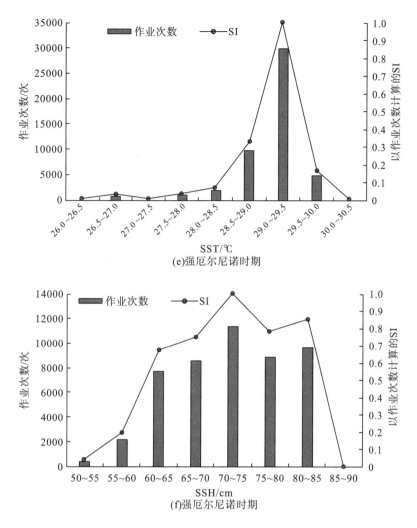

图 6-3　中西太平洋海域弱、中、强厄尔尼诺时期作业次数、SI 与 SST 和 SSH 的关系

　　鲣鱼作为中西太平洋海域金枪鱼渔业的重要经济物种,其资源丰度和栖息地变动与海洋环境因子息息相关,不仅受温度、叶绿素浓度等环境因子的影响,还极易受气候(如ENSO)的影响。Lehodey 等(1997)研究认为,中西太平洋鲣鱼渔场和栖息地主要分布于中西太平洋赤道暖池,厄尔尼诺事件使鲣鱼资源渔场发生变动,其实质是厄尔尼诺事件引起暖池在经度方向移动,导致厄尔尼诺事件发生时渔场随暖池的东扩而东移。在厄尔尼诺事件发生时,西太平洋暖池向东扩展,原先覆盖在赤道西太平洋的暖水层变薄。同时,赤道东太平洋的涌升流减弱,暖水逐步占据了赤道中、东太平洋地区,赤道中、东太平洋的水温升高、温跃层变浅,海面温度和温跃层等的变化引起鲣鱼栖息区域明显改变。Lehodey 等(1997)研究认为,通过标志放流等研究发现,鲣鱼的栖息区域随着暖池的东扩向东扩展,使得厄尔尼诺期间西太平洋暖池区鲣鱼资源密度相对下降。Hampton 等(1999)认为鲣鱼资源变动、渔场分布虽存在季节性规律变动,但是主要受大尺度海洋环境的影响。由此可见,鲣鱼渔场分布和厄尔尼诺事件密切相关。本书根据南太平洋渔业委员会 1995~2010 年中

西太平洋鲣围网生产数据和 SST、SSH 海洋环境数据，获得各个强度厄尔尼诺事件下最适 SST 和 SSH 范围，其中各 SST 最适范围与戴澍蔚和陈新军(2017)认为的最适海面温度在 27.5～31℃基本相符。

6.1.4 SI 曲线拟合及模型建立

利用正态分布模型分别以弱厄尔尼诺、中厄尔尼诺、强厄尔尼诺三个时期的作业次数为基础对 SI 与 SST、SSH 进行曲线拟合(图 6-4～图 6-6)，拟合的 SI 模型如表 6-1 所示，模型通过显著性检验($P<0.01$)。

表 6-1　弱、中、强厄尔尼诺时期鲣鱼适应性指数模型

厄尔尼诺强度	变量	适应性指数模型	R^2	P
弱	SST	$SI=exp(-0.5\times((SST-29.52)/0.37546)^2)$	0.797	0.003
弱	SSH	$SI=exp(-0.5\times((SSH-84.84)/4.2368)^2)$	0.817	0.000
中	SST	$SI=exp(-0.5\times((SST-29.13)/0.35709)^2)$	0.903	0.001
中	SSH	$SI=exp(-0.5\times((SSH-79.14)/10.40083)^2)$	0.851	0.000
强	SST	$SI=exp(-0.5\times((SST-29.19)/0.28385)^2)$	0.994	0.000
强	SSH	$SI=exp(-0.5\times((SSH-72.23)/13.23196)^2)$	0.728	0.008

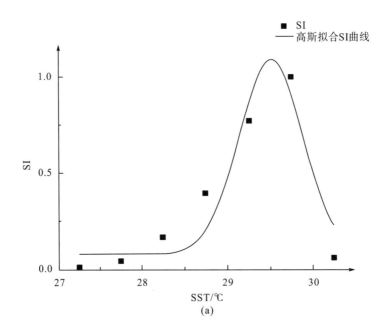

(a)

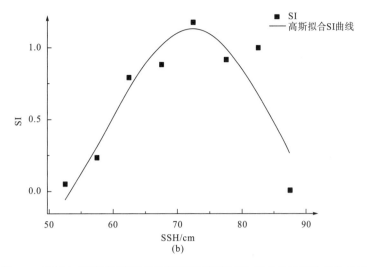

图 6-4　弱厄尔尼诺时期以海面温度和海面高度为基础的适应性指数曲线

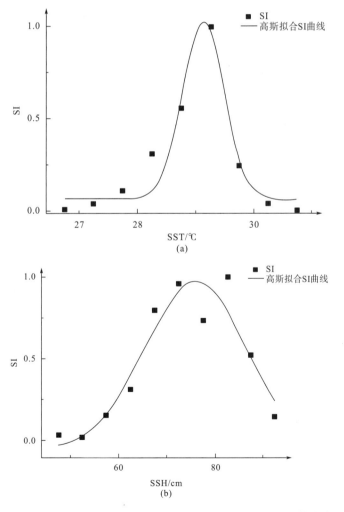

图 6-5　中厄尔尼诺时期以 SST 和 SSH 为基础的适应性指数曲线

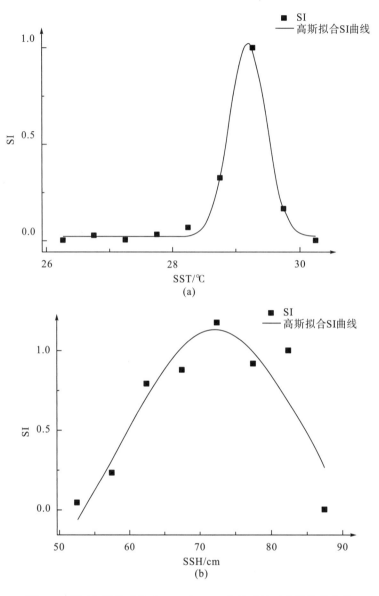

图 6-6　强厄尔尼诺时期以 SST 和 SSH 为基础的适应性指数曲线

6.1.5　HSI 模型的建立及验证

通过以上分析，分别得到三个厄尔尼诺强度下的 HSI 模型。

（1）弱厄尔尼诺：

$$\text{HSI}=0.5\times(\exp(-0.5\times((\text{SST}-29.52)/0.37546)^2)+\exp(-0.5\times((\text{SSH}-84.84)/4.2368)^2))$$

（2）中厄尔尼诺：

$$\text{HSI}=0.5\times(\exp(-0.5\times((\text{SST}-29.13)/0.35709)^2)+\exp(-0.5\times((\text{SSH}-79.14)/10.40083)^2))$$

（3）强厄尔尼诺：

$$\text{HSI}=0.5\times(\exp(-0.5\times((\text{SST}-29.19)/0.28385)^2)+\exp(-0.5\times((\text{SSH}-72.23)/13.23196)^2))$$

根据三个强度厄尔尼诺时期的 SI_{SST} 和 SI_{SSH} 适应性指数模型，分别得到弱厄尔尼诺、中厄尔尼诺和强厄尔尼诺时期的栖息地适应性指数 HSI。由表 6-2 可知，当 HSI 为 0.6 及以上时，弱厄尔尼诺时期作业次数比例为 60.6%；中厄尔尼诺时期为 62.56%；强厄尔尼诺时期为 76.87%。当 HSI 小于 0.2 时，弱厄尔尼诺时期，其作业次数比例为 17.82%；中厄尔尼诺时期为 4.90%；强厄尔尼诺时期都为 0。由此可得，HSI 模型能够很好地反映鲣鱼的栖息地分布情况，且厄尔尼诺事件的发生和强度对鲣鱼栖息地的分布具有重大影响。

表 6-2　各强度厄尔尼诺时期 HSI 与作业次数比例(%)

HSI 范围	弱厄尔尼诺时期	中厄尔尼诺时期	强厄尔尼诺时期
[0，0.2)	17.82	4.90	0
[0.2，0.4)	5.72	10.12	3.36
[0.4，0.6)	15.86	22.43	19.77
[0.6，0.8)	28.64	35.89	25.61
[0.8，1.0]	31.96	26.67	51.26

本书用 2009 年 10～12 月(弱厄尔尼诺时期)、2006 年 9～12 月(中厄尔尼诺时期)、2010 年 1～3 月(强厄尔尼诺时期)的数据来验证栖息地适应性指数模型。由表 6-3 可知，HSI 在 0.6 及以上时，弱厄尔尼诺时期，作业次数比例为 56.61%；中厄尔尼诺时期为 42.55%；强厄尔尼诺时期为 36.72%。HSI 在小于 0.2 时，弱厄尔尼诺时期，作业次数比例为 5%，中厄尔尼诺时期作业次数比例为 1.10%，强厄尔尼诺时期作业次数比例为 0。因此各强度厄尔尼诺的 HSI 模型均可较好反映中西太平洋鲣鱼栖息地的分布。

表 6-3　各强度厄尔尼诺时期 HSI 与作业次数比例(%)验证分析

HSI 范围	弱厄尔尼诺时期	中厄尔尼诺时期	强厄尔尼诺时期
[0，0.2)	5	1.10	0
[0.2，0.4)	7.15	11.37	16.13
[0.4，0.6)	31.23	44.99	47.16
[0.6，0.8)	28.74	24.05	22.25
[0.8，1.0]	27.87	18.50	14.47

在弱厄尔尼诺时期，作业重心主要集中在 130°～140°E、150°～160°E 的区域，与栖息地适应性指数模型预测基本相符；中厄尔尼诺时期的作业重心集中在 130°～140°E、160°～180°E 的区域，与栖息地适应性模型预测大致相符；强厄尔尼诺时期鲣鱼的栖息地分布明显向东偏移了，集中分布在 130°～150°E、180°～160°W 的区域，渔船的作业方式大多依靠经验，没有在鲣鱼较为集中的海域进行捕捞作业，对于两个或多个良好鲣鱼栖息环境的海域，其作业主要集中在一定海域范围内，使其渔业资源造成捕捞过度，而其他鲣鱼栖息地集中分布的海域未得到合理开发利用。建立各强度厄尔尼诺时期的栖息地适应性指数模型能够及时有效地预测鲣鱼渔场和栖息地分布的变化，从而可以提高捕捞作业效率

和更好地开发鲣鱼资源，为今后厄尔尼诺事件的发生提供更加精准的渔情预报信息。

虽然上述栖息地适应性指数模型可以较好地预报厄尔尼诺时期中西太平洋鲣鱼渔场与栖息地的分布，但是该模型仅考虑了 SST 和 SSH 两个环境因子的变量，未考虑鲣鱼的季节性产卵和其他生物学因素对其栖息地分布的影响。据相关研究表明，ENSO 发生时，在信风的作用下，东太平洋会产生巨大的涌升流，从而会形成具有低温、高盐等特性的冷舌区域。暖池和冷舌的交汇区拥有丰富的浮游植物和微型的浮游动物，是鲣鱼理想的索饵场(戴澍蔚和陈新军，2017)。此外，应分析考虑各环境因子的影响，从而提高模型的预报精度(陈洋洋和陈新军，2017)，不能出于现实的考虑，在建立渔情预报模型时使用容易获取的环境因子，而忽略对渔场形成较关键但难获取的环境因子(陈新军等，2013)。本书着重分析了年间鲣鱼栖息地与厄尔尼诺事件的关系，但是在研究中发现年内鲣鱼栖息地的变化也较明显，而且鲣鱼作为一种季节性的洄游鱼类，其栖息地变化具有季节性的规律，在后续的研究中需要着重注意鲣鱼栖息地分布的年内变化或季节性变化，同时需要考虑其他环境因子对鲣鱼栖息地分布的影响。

6.2　拉尼娜事件期间鲣鱼栖息地分布特征

渔业数据和 CPUE 的计算同第 2 章，其中渔业数据使用 1995～2010 年产量数据。厄尔尼诺/拉尼娜事件定义请参考 4.2 节。

相关研究表明，作业次数可代表鱼类出现即栖息地或鱼类利用情况的指标(Andrade and Garcia，1999)。因此，利用作业次数(NET)与 SST、SSH 的关系建立栖息地适应性指数模型。SST 以 1℃为间距，SSH 以 5cm 为间距，统计 1995～2010 年 5°×5°渔区(中西太平洋海域即 20°N～20°S、120°E～160°W 范围内)的作业次数频度分布图。

利用算术平均法计算得到栖息地适应性指数模型。HSI 为 0(不适宜)～1(最适宜)。其计算公式如下：

$$HSI = \frac{1}{2}\left(SI_{SST} + SI_{SSH}\right) \tag{6-3}$$

式中，SI_{SST} 和 SI_{SSH} 分别表示 SI 与 SST、SI 与 SSH 的适应性指数。

模型验证与实证分析。根据上述模型，用 2005 年 12 月～2006 年 3 月(弱拉尼娜)、2011 年 10 月～2012 年 3 月(中拉尼娜)、2010 年 6 月～2011 年 4 月(强拉尼娜)的 HSI 与实际作业渔场进行比较，进而探讨预测中心渔场的可能性。

6.2.1　拉尼娜事件对鲣鱼栖息地分布的影响

分析认为，弱拉尼娜时期，作业次数主要分布在 SST 为 29～29.5℃和 SSH 为 90cm 的海域，分别占总作业次数的 89.2%和 81.93%(图 6-7)；中拉尼娜时期，作业次数主要分布在 SST 为 29～30℃和 SSH 为 90～100cm 的海域，分别占总作业次数的 91.84%和 74.8%(图 6-8)；强拉尼娜时期，作业次数主要分布在 SST 为 28.5～30℃和 SSH 为 80～

100cm 的海域，分别占总作业次数的 91.13%和 94.31%（图 6-9）。

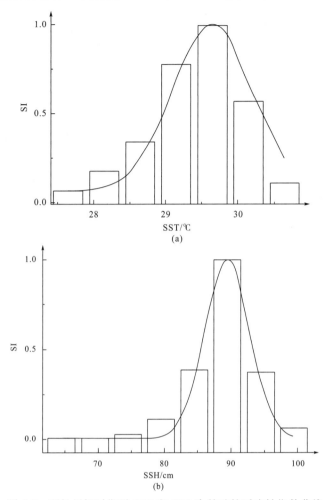

图 6-7　弱拉尼娜时期以 SST 和 SSH 为基础的适应性指数曲线

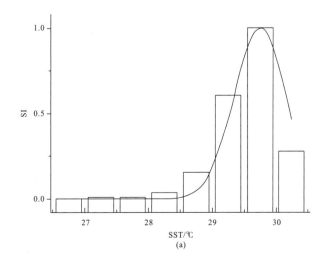

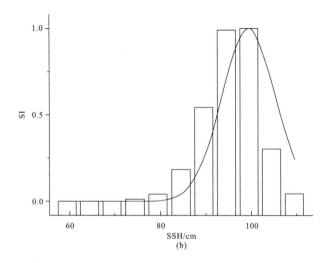

图 6-8 中拉尼娜时期以海面温度和海面高度为基础的适应性指数曲线

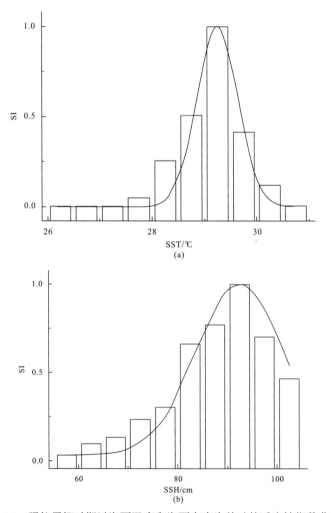

图 6-9 强拉尼娜时期以海面温度和海面高度为基础的适应性指数曲线

作为中西太平洋的重要经济种类，鲣鱼的资源变动极易受海洋环境因子影响。Hampton 等(1999)认为鲣资源变动、渔场分布虽存在季节性规律变动，但是主要受大尺度海洋环境的影响。Lehodey 等(1997)通过对鲣鱼的迁移和 ENSO 现象的关系研究发现，在拉尼娜时期鲣鱼群向西迁移约 4000km。戴澍蔚和陈新军(2017)认为，强拉尼娜事件会使鲣鱼产量提高，而持续时间较长的拉尼娜事件会使鲣产量在较低水平波动，CPUE 相对较高。由此可见，鲣鱼渔场分布和拉尼娜事件密切相关。

本书依据南太平洋渔业委员会 1995～2014 年中西太平洋鲣鱼围网生产数据和 SST、SSH 海洋环境资料，获得各拉尼娜时期最适 SST 和 SSH 范围，其中各 SST 最适范围与戴澍蔚和陈新军(2017)认为的最适海面温度范围(27.5～31℃)基本相符。基于各拉尼娜时期 SST、SSH 环境资料，选取 2006 年 3 月、2008 年 2 月和 2010 年 6 月分别表示弱拉尼娜时期、中拉尼娜时期和强拉尼娜时期，绘制出各拉尼娜时期的作业次数分布和 SI 分布图(图6-7～图 6-9)。由图可知，发现随着拉尼娜强度与作业次数密切相关，强拉尼娜时期的作业次数明显高于弱拉尼娜时期，同时 SI 大于 0.6 的海域和作业渔场整体向东北和东南方向扩散，但是其适宜作业海域的扩散面积、方向与拉尼娜时期、持续时间和地形因素是否相关，有待今后进一步研究。

6.2.2　SI 曲线拟合及模型建立

利用正态分布模型分别以弱拉尼娜、中拉尼娜、强拉尼娜三个时期的作业次数为基础对 SI 与 SST、SSH 进行曲线拟合(图6-7、图 6-8、图 6-9)，拟合的 SI 模型如表 6-4 所示，模型通过显著性检验($P<0.01$)。

表 6-4　各拉尼娜时期鲣鱼适应性指数模型

时期	变量	适应性指数模型	R^2	P
弱拉尼娜	SST	$SI=\exp(-0.5\times((x-29.65)/0.55321)^2)$	0.80687	0.0174
	SSH	$SI=\exp(-0.5\times((x-89.5)/3.36432)^2)$	0.96412	0.0000
中拉尼娜	SST	$SI=\exp(-0.5\times((x-29.75)/0.4046)^2)$	0.86963	0.0069
	SSH	$SI=\exp(-0.5\times((x-99.5)/5.97549)^2)$	0.62894	0.0085
强拉尼娜	SST	$SI=\exp(-0.5\times((x-29.25)/0.39544)^2)$	0.90556	0.0003
	SSH	$SI=\exp(-0.5\times((x-92.5)/8.79825)^2)$	0.84032	0.0002

6.2.3　HSI 模型的建立及分析

根据各拉尼娜时期的 SI_{SST} 和 SI_{SSH} 适应性指数模型，分别得到弱拉尼娜、中拉尼娜和强拉尼娜时期栖息地适应性指数 HSI。由表 6-5 可知，弱拉尼娜时期，在 HSI 为 0.6 及以上的作业海域，其作业次数比例为 66.23%，CPUE 在 10t/Net 以上；中拉尼娜时期，在 HSI 为 0.6 及以上的作业海域，其作业次数比例为 68.83%，CPUE 在 11t/net 以上；强拉尼娜时期，在 HSI 为 0.6 及以上的作业海域，作业次数比例为 62.24%，CPUE 在 10t/net 以上。在 HSI 小于 0.2 的海域，弱拉尼娜、中拉尼娜、强拉尼娜时期，其作业次数比例分别为 8.45%、7.31%和 9.32%。

表 6-5   各拉尼娜时期 HSI 与 CPUE 和作业次数比例

HSI	弱拉尼娜		中拉尼娜		强拉尼娜	
	CPUE/(t/net)	作业次数比例/%	CPUE/(t/net)	作业次数比例/%	CPUE/(t/net)	作业次数比例/%
[0,0.2)	7.87	8.45	21.97	7.31	24.92	9.32
[0.2,0.4)	11.01	9.33	19.13	6.89	16.06	11.32
[0.4,0.6)	15.79	15.99	17.76	16.96	12.51	17.12
[0.6,0.8)	10.23	28.89	12.56	26.25	12.96	28.09
[0.8,1]	11.66	37.34	11.70	42.58	10.70	34.15

6.2.4   模型验证

对各拉尼娜时期 HSI 与作业次数比例进行验证发现，弱拉尼娜时期，HSI 在 0.6 及以上的海域，其作业次数比例为 53.87%；中拉尼娜时期，HSI 在 0.6 及以上海域的作业次数比例为 66.54%；强拉尼娜时期，HSI 在 0.6 及以上海域的作业次数比例为 63.64%，因此各拉尼娜时期 HSI 模型均可较好地反映中西太平洋鲣渔场分布（表 6-6）。

表 6-6   各拉尼娜时期 HSI 与作业次数比例(%)验证

HSI	弱拉尼娜	中拉尼娜	强拉尼娜
[0~0.2)	11.84	19.94	0.54
[0.2~0.4)	10.95	4.22	8.61
[0.4~0.6)	23.34	9.29	27.21
[0.6~0.8)	25.99	19.31	43.27
[0.8~1]	27.88	47.23	20.37

赤道西太平洋是全球海洋温度最高的海域，海面温度常年高于 28℃，被称为西太平洋暖池(Lehodey et al., 1997)。赤道太平洋东侧受信风影响，表面暖水被刮走，深层冷水上涌，形成强劲的上升流，称为冷舌，在暖池和冷舌的辐合区浮游生物和初级生产力极为丰富，有利于形成索饵渔场(Lehodey et al., 1997)。在拉尼娜时期，随着拉尼娜强度增强，辐合区饵料丰度增加，信风增强，鲣鱼资源丰度增加，这与表 6-4 中的 CPUE 是基本一致的（在 HSI≥0.6 的情况下），作业渔场向东北和东南方向扩散。同时，鲣鱼洄游、索饵、产卵等生物行为随时空发生改变。

虽然上述栖息地适应性指数模型可以较好地预报各拉尼娜时期中西太平洋鲣鱼渔场分布，但是该模型仅考虑了 SST 和 SSH。郭爱等(2010)认为，作业渔场分布除受水温影响，还受海流、温跃层、浮游生物等方面的影响，不同渔区渔获表层的水温也有所不同。

因此，今后的栖息地建模应考虑多种环境因子及其权重，选择恰当的建模数据，从而提高模型的预报精度，更好地为今后海洋渔业生产提供依据。

6.3　厄尔尼诺事件和拉尼娜事件对鲣鱼资源丰度的影响

渔业数据来源和 CPUE 的计算同第 2 章，其中渔业数据使用 1995～2010 年产量数据。厄尔尼诺/拉尼娜事件定义请参考 4.2 节。

对鲣鱼月 CPUE 与 SSTA 进行相关性分析，并检验厄尔尼诺事件、拉尼娜事件对资源量的影响过程是否存在滞后性。

由于在一年中每个月的温度变化有差异，即一年中可能同时存在厄尔尼诺月和拉尼娜月的情况，所以不能笼统地对某一年进行概括，但是根据表 6-7 可知，每年 8～12 月的趋势大致是一致的，即全为厄尔尼诺月或全为拉尼娜月、全为正常月份，所以以本书研究对1995～2010 年均取 8～12 月来表征当年，结合厄尔尼诺事件、拉尼娜事件的定义，将 1995～2010 年中西太平洋的海况分为表 6-7 所示类型。

表 6-7　极端气候定义与对应年份

SSTA	类型	年份
−0.5℃＜SSTA＜0.5℃	正常年份	1996、2001、2003、2005、2008
0.5℃＜SSTA＜1℃	厄尔尼诺	2002、2004、2006、2009
SSTA≥1℃（8～12 月 SSTA 均大于 1）	强厄尔尼诺	1997
−1℃＜SSTA≤−0.5℃	拉尼娜	1995、2000、2007
SSTA≤−1℃	强拉尼娜	1998、1999、2010

根据厄尔尼诺事件与拉尼娜事件发生的强弱以及出现的频率将 1995～2010 年以 2000年为界分为 2 个时间段研究，第一时间段为 1995～2000 年，这段时间中有强厄尔尼诺、拉尼娜、强拉尼娜与正常年份；第二段时间为 2001～2010 年，这段时间中包含厄尔尼诺、拉尼娜与正常年份。并在第一个时间段里选取 1996 年、1997 年和 1998 年对鲣鱼资源丰度进行分析，在第二个时间段里分别选取 2006 年、2007 年和 2008 年进行分析，月份都选取渔汛期产量较高的 8 月。

6.3.1　CPUE 月变动

从图 6-10 可以看出，1995～2010 年中西太平洋鲣鱼的 CPUE 月平均值为 15.73t/net，各月 CPUE 的最大值出现在 1995 年 2 月，为 30.37t/net；最小值出现在 1997 年 10 月，为5.35t/net。同时在 1995～2010 年月 CPUE 波动程度也是不均匀的，在 1995～1999 年 CPUE波动剧烈，月 CPUE 的最大值与最小值都出现在这 5 年中；2000～2005 年月 CPUE 变化主要围绕总 CPUE 月平均值上下波动且最大值没有超过 20t/net，最小值虽稍低于 10t/net，但这样的月份在 6 年中仅有 4 个；2006～2010 年月 CPUE 又发生较大波动。

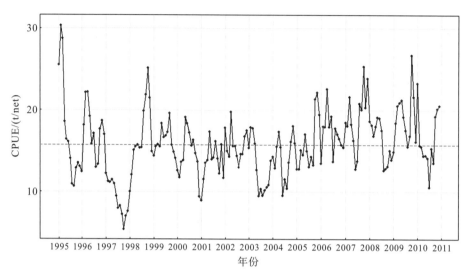

图 6-10　1995～2000 年各月鲣鱼 CPUE 及总体平均值(水平虚线为总体平均值)

中西太平洋鲣鱼资源丰度变化波动较大,月CPUE 的最大值与最小值都出现在 1995～1999 年，2000～2005 年月 CPUE 变化主要围绕总 CPUE 月平均值上下波动且最大值没有超过 20t/net；2006～2010 年月 CPUE 又发生较大波动。鲣鱼资源丰度出现如此大幅度的变化与海洋环境条件的变化具有一定的关系(李国添,1997)。在发生厄尔尼诺或拉尼娜事件期间，赤道太平洋的气压、海面高度、海流、温跃层、营养盐、碳循环、初级生产力等渔场的环境发生明显改变(Chavez et al.,1999；Turk et al.,2001)，从而引起鱼类资源密度的空间变化。根据本书研究的结果,也可以认定厄尔尼诺事件、拉尼娜事件是影响太平洋鲣鱼资源丰度变化不可忽视的因素。

6.3.2　SSTA 与月 CPUE 的时间序列分析

由时间序列图的变化趋势可以观测到SSTA 与月 CPUE 的变化存在一定的负相关的趋势(图 6-11)。对 SSTA 与月 CPUE 进行相关性检验，为了验证厄尔尼诺事件、拉尼娜事件对资源量的影响有无滞后性，对 SSTA 与月 CPUE 分别进行滞后 1 个月、滞后 2 个月、滞后 3 个月、滞后 4 个月的相关性检验，检验结果表明厄尔尼诺事件、拉尼娜事件对 CPUE 的影响可能滞后 0～2 个月，且在同步(滞后 0 月)时相关性最高，呈显著负相关(表 6-8)。

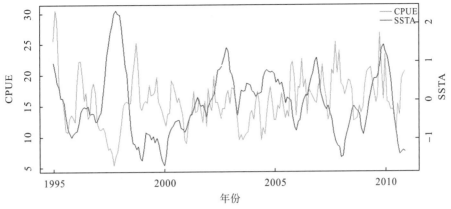

图 6-11　CPUE 与 SSTA 的时间序列图

表 6-8　SSTA 与 CPUE 的相关关系

时间	R	P
滞后 0 个月	−0.215	0.003
滞后 1 个月	−0.206	0.004
滞后 2 个月	−0.193	0.008
滞后 3 个月	−0.185	0.110
滞后 4 个月	−0.132	0.071

6.3.3　厄尔尼诺事件和拉尼娜事件发生月份的鲣鱼资源量变化情况

2000 年以前鲣鱼总资源量变化波动剧烈，1995~2010 年月 CPUE 最大值与最小值均出现在这段时间内。1996 年 8~12 月均为正常月份，月平均 CPUE 为 15.32t/net；1997 年 8~12 月均为强厄尔尼诺月份，月平均 CPUE 为 7.05t/net；1998 年、1999 年 8~12 月均为强拉尼娜月份，平均月 CPUE 分别为 19.61t/net、16.31t/net（图 6-12）。

2000 年以后鲣鱼总资源量变化相比之前稍显平缓，但对于每年 8~12 月的月平均 CPUE 变化来说仍十分显著。2001 年、2003 年、2005 年、2008 年 8~12 月均为正常月份，月平均 CPUE 分别为 13.95t/net、10.93t/net、18.08t/net、13.68t/net；2002 年、2004 年、2006 年、2009 年 8~12 月均为厄尔尼诺月份，月平均 CPUE 分别为 15.27t/net、14.45t/net、16.80t/net、19.34t/net；2007 年、2010 年 8~12 月均为拉尼娜月份，月平均 CPUE 分别为 22.07t/net、17.73t/net（图 6-12）。

针对以上鲣鱼资源丰度变化以及厄尔尼诺事件、拉尼娜事件发生的情况，2000 年以前分别挑选 1996 年（正常年份）、1997 年（强厄尔尼诺）和 1998 年（强拉尼娜）3 个年份，在 2000 年以后分别挑选 2006 年（弱厄尔尼诺）、2007 年（弱拉尼娜）和 2008 年（正常年份）3 个年份，同时选取 8 月为例对鲣鱼 CPUE 空间分布以及资源丰度的变化进行分析（图 6-13）。图 6-13 中的 1、2、3 分别为正常年份、强厄尔尼诺年和强拉尼娜年，明显可以看出在资源丰度上强厄尔尼诺年最低，强拉尼娜年最高；图 6-13（d）、图 6-13（e）和图 6-13（f）分别为正常年份、弱厄尔尼诺年和弱拉尼娜年，和图 6-13(a)、图 6-13(b) 和图 6-13(c) 相比可以看出，弱厄尔尼诺年的资源丰度比强厄尔尼诺年资源丰度增高，且高于正常年份，但仍低于拉尼娜年。

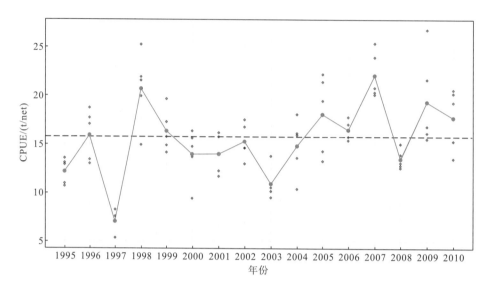

图 6-12　不同年份 CPUE 的平均值(红色)与各月 CPUE 的分布

水平虚线为总平均 CPUE、黑点分别为每年 8～12 月份的 CPUE

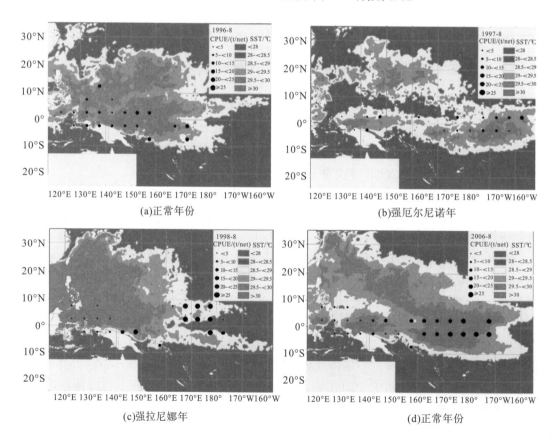

(a)正常年份　　　　　　　　　　　　　　　　(b)强厄尔尼诺年

(c)强拉尼娜年　　　　　　　　　　　　　　　(d)正常年份

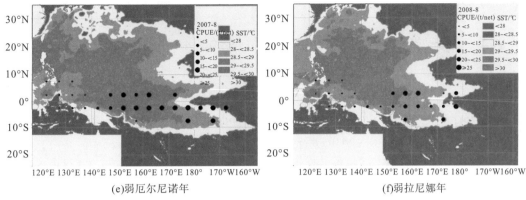

图 6-13　不同年份气候条件下鲣鱼 CPUE 与 SST 分布图

对 1995~2010 年鲣鱼 CPUE 与 SSTA 进行相关性检验,检验结果表明厄尔尼诺事件、拉尼娜事件对 CPUE 的影响可能滞后 0~2 个月,且在同步(滞后 0 月)时相关性最高,呈显著负相关关系。研究结果表明,在强厄尔尼诺年(1997 年),鲣鱼的资源丰度处在较低的水平;在强拉尼娜年(1998 年),其资源丰度较高;在弱厄尔尼诺年,鲣鱼资源丰度在总平均 CPUE 左右浮动,但低于拉尼娜事件年份的月平均 CPUE,两者均高于正常年份的月平均 CPUE。Longhurst 等(1995)发现鲣鱼分布在整个赤道混合层与亚热带太平洋,但是西赤道太平洋暖池的渔获量最高,西赤道太平洋暖池虽然初级生产力较低,但其海面温度却是全球海域最高的。很多研究表明(McPhaden and Picaut,1990;Jin,1996;Picaut et al.,1996),西赤道太平洋暖池是 ENSO 以及全球气候变化的基础,同时暖池为喜温的鲣鱼提供了一个良好的栖息环境。周甦芳(2004)认为,ENSO 现象对中西太平洋鲣鱼围网渔场的空间分布有显著影响,厄尔尼诺事件发生时,鲣鱼围网单位捕捞努力量渔获量经度重心随着暖池的东扩而东移,拉尼娜事件发生时则随着暖池向西收缩。相关研究认为在正常年份,太平洋赤道的上升流海域蕴藏着丰富的饵料生物,受季风的影响,西南赤道海流将这些丰富的饵料生物向西输送(Lehodey et al.,1997),距离可达 1800~2500km(Han and Swenson,1996)。这些伴随输送过程成长的饵料生物(浮游生物和浮游动物)为分布在中西太平洋暖水池附近海域的鲣鱼提供了丰富的饵料。郭爱和陈新军(2005)的研究认为,ENSO 指数 Nino 3.4 区 SSTA 与鲣鱼资源丰度关系显著,灰色关联度达 0.779。在气候正常年份,CPUE 相对偏低;厄尔尼诺年份金枪鱼 CPUE 增加,拉尼娜年份 CPUE 稍有下降,但仍高于正常年。其研究结果与本书研究结果稍有差异,共同之处在于都认为发生一般的厄尔尼诺事件与拉尼娜事件时,鲣鱼资源丰度均高于正常年份,但是本书研究结果为拉尼娜事件发生时的鲣鱼资源丰度比厄尔尼诺事件发生时高,且在强厄尔尼诺发生时鲣鱼资源丰度下降。导致差异的原因可能是本研究只考虑了鲣鱼的资源丰度,而郭爱和陈新军(2005)的研究全面讨论了中西太平洋金枪鱼的资源丰度;另一方面郭爱和陈新军(2005)的渔业数据时间为 1990~2001 年,而本研究的研究数据为 1995~2010 年,数据比较而言时间序列更长,数据更新,也可能造成研究结果的差异。在厄尔尼诺年份,鲣鱼 CPUE 较高可能是西太平洋温跃层变浅所致(Joseph and Miller,1989)。

6.4 基于灰色系统理论的中西太平洋鲣鱼资源丰度预测模型

渔业数据来源同第 2 章，采用 1998～2013 年的产量数据。环境数据来源同第 3 章。

(1) CPUE 计算同第 2 章，这里计算年平均 CPUE 以指示资源丰度，同时为了匹配环境数据，也对历年各月平均 CPUE 进行计算。

(2) 数据预处理。将不同年份的环境因子(SST、SSH、Chl-a 和 Nino 3.4 区的 SSTA)分别按月份计算平均值，同时计算各因子的年平均值，最终每一项环境因子得到 1～12 月以及年平均值共 13 组数据。

(3) 模型因子选择。根据灰色关联分析，以年平均 CPUE 为母序列，所对应的年份各月环境因子为子序列，计算各子序列与母序列的灰色关联度，同时将各月中与 CPUE 关联度最高的一个因子作为模型的备选因子之一。灰色关联计算方法如下(陈新军，2003)。

设 $\{X_0\}$ 为以历年平均 CPUE 代表资源丰度的母序列，$\{X_i\}$ 为包含其他各项环境因子的子序列，分别为

$$X_0^{(0)} = (x_0^{(0)}(1), x_0^{(0)}(2), \cdots, x_0^{(0)}(n)) \tag{6-4}$$

$$X_i^{(0)} = (x_i^{(0)}(1), x_i^{(0)}(2), \cdots, x_i^{(0)}(n)) \tag{6-5}$$

则母序列 $\{X_0\}$ 与子序列 $\{X_i\}$ 的灰色绝对关联度为

$$\varepsilon_{0i} = \frac{1 + |s_0| + |s_i|}{1 + |s_0| + |s_i| + |s_i - s_0|} \tag{6-6}$$

式中：

$$|s_0| = \left| \sum_{k=2}^{n-1} X_0^0(k) + \frac{1}{2} x_0^0(n) \right| \tag{6-7}$$

$$|s_i| = \left| \sum_{k=2}^{n-1} X_i^0(k) + \frac{1}{2} x_i^0(n) \right| \tag{6-8}$$

$$|s_i - s_0| = \left| \sum_{k=2}^{n-1} \left\{ X_i^0(k) - X_0^0(k) + \frac{1}{2} \left[x_i^0(n) - x_0^0(n) \right] \right\} \right| \tag{6-9}$$

(4) 灰色系统预测模型建立。本书利用灰色系统预测模型中的 GM(1,N) 模型对中西太平洋鲣鱼资源丰度进行预测，其中 N 为模型中所采样的环境变量数量+1。GM(1,N) 模型的基本形式为(陈新军，2003)：

$$X_1^{(0)}(k) + aZ_1^{(1)}(k) = \sum_{i=2}^{n} b_i X_i^{(1)}(k) \tag{6-10}$$

式中，$X_i^{(1)}$ 为 $X_i^{(0)}$ 的累加序列；$Z_1^{(1)}$ 为 $X_1^{(1)}$ 的紧邻均值生成序列。

GM(1,N) 模型的参数拟合方法表示如下

$$\text{令 } \boldsymbol{B} = \begin{bmatrix} -Z_1^{(1)}(2) & X_2^{(1)}(2) & X_3^{(1)}(2) & \cdots & X_N^{(1)}(2) \\ -Z_1^{(1)}(3) & X_2^{(1)}(3) & X_3^{(1)}(3) & \cdots & X_N^{(1)}(3) \\ \vdots & \vdots & \vdots & \vdots & \vdots \\ -Z_1^{(1)}(n) & X_2^{(1)}(n) & X_2^{(1)}(n) & \cdots & X_N^{(1)}(n) \end{bmatrix}, \quad \boldsymbol{Y} = \begin{bmatrix} X_1^{(0)}(2) \\ X_1^{(0)}(3) \\ \vdots \\ X_1^{(0)}(n) \end{bmatrix} \tag{6-11}$$

则参数列 $\hat{a} = [a, b_2, b_3, \cdots, b_{n-1}]^{\mathrm{T}}$ 的最小二乘估计为

$$\hat{a} = (\boldsymbol{B}^{\mathrm{T}} \boldsymbol{B})^{-1} \boldsymbol{B}^{\mathrm{T}} \boldsymbol{Y}$$

预测值为 $X_1^{(0)}(k+1)$ ，其计算公式为：

$$X_1^{(0)}(k+1) = \frac{-aX_1^{(1)}(k) + \sum_{i=2}^{n} b_i X_i^{(1)}(k+1)}{1 + \dfrac{a}{2}} \tag{6-12}$$

(5)因子重要性和模型有效性分析。综合考虑关联度和因子组合来确定因子的重要性（高雪等，2017）。本书研究拟构建了以下五种模型。

模型 1：包含所有因子的 GM(1,5) 模型，因子包括 SST、SSH、Chl-a 和 SSTA。

模型 2：不包含 SST 的 GM(1,4) 模型。

模型 3：不包含 SSH 的 GM(1,4) 模型。

模型 4：不包含 Chl-a 的 GM(1,4) 模型。

模型 5：不包含 SSTA 的 GM(1,4) 模型。

最终检验模型有效性来进一步验证因子的重要性，主要通过计算相对误差和相关分析来实现。相对误差是将实际的 CPUE 与预测计算的 CPUE 进行比较，通过计算上述 5 个模型的相对误差来确定模型的优劣。同时求出实际的 CPUE 和预测 CPUE 的相关系数，相关系数越大则说明模型效果越好。

6.4.1　灰色关联分析

根据历年各月的环境因子灰色绝对关联度分析的结果（表 6-9），SST 为最大影响因子，其灰色关联度平均值明显大于其他各项因子，为 0.8607；其次为 SSTA，平均关联度为 0.7403；Chl-a 和 SSH 分别为 0.5610 和 0.5348。从各月结果来看，5 月的 SST 和 Chl-a、11 月的 SSH 和 7 月 SSTA 为各组因子中各月最大的关联系数，因此在针对后续的多环境因子模型构建中采用上述四项因子作为鲣鱼资源丰度预报的备选因子。

表 6-9　环境因子子序列与资源丰度母序列的灰色绝对关联度分析结果

月份	SST	SSH	Chl-a	SSTA
1	0.8492	0.5102	0.5326	0.5858
2	0.7921	0.5111	0.5668	0.5988
3	0.9241	0.5141	0.5520	0.6354
4	0.9113	0.5180	0.6082	0.7159
5	0.9818*	0.5228	0.6228*	0.7576

续表

月份	SST	SSH	Chl-a	SSTA
6	0.9713	0.5273	0.5743	0.7777
7	0.5923	0.5272	0.5507	0.8640*
8	0.7150	0.5338	0.5508	0.8273
9	0.6996	0.5420	0.5424	0.8478
10	0.8792	0.5457	0.5532	0.7352
11	0.9777	0.5989*	0.5440	0.7263
12	0.9232	0.5792	0.5383	0.6941
总均值	0.8607	0.5348	0.5610	0.7403

注：*为各月中最大的关联系数

随着科技的不断发展，捕捞努力量也在不断增加，因此渔获量也呈现逐年增加的趋势（靳少非和樊伟，2014），但是这并不能反映鲣鱼资源丰度的真实情况。而 CPUE 主要是反映单位时间内的渔获量，因此即使捕捞努力量有所提升，CPUE 也不会一直保持增长，而是会呈现波动变化，这能够较真实地反映鲣鱼资源丰度。鲣鱼资源丰度主要受周边海洋环境的影响，因此通过研究环境因子来预测鲣鱼的资源丰度有科学的依据，同时也有着实际的指导意义。

通过灰色关联分析可以发现，SST 和 Nino 3.4 区 SSTA 两个因子与 CPUE 均表现出了较高的关联度，关联系数超过了 0.7，而其他两个因子则仅在 0.5～0.6（表 6-9）。已有多个研究表明，SST 对鲣鱼的渔场分布有着至关重要的作用，鲣鱼渔场主要分布于 SST 为 28～30℃的海域，尤其以 28～30℃为主（杨胜龙等，2010；唐浩等，2013）。在如此小的温度范围内，即使 SST 发生了微小的变化也会对鲣鱼的适宜栖息地产生影响，从而导致其资源量发生变化，而 SST 的这种变化主要也是由大尺度气候变化——厄尔尼诺事件造成的。大多学者认为，厄尔尼诺事件对中西太平洋鲣鱼的渔场分布有很大的影响，而暖池的位置变化也是主要原因（Lehodey et al.，1997）。Lehodey 等（1997）研究认为鲣鱼作业渔场会随暖池边缘 29℃等温线在经向上发生偏移，而针对鲣鱼的资源量，有学者认为厄尔尼诺年份的资源量较低，拉尼娜年份的资源量较高，且这种影响不存在滞后效应（陈洋洋和陈新军，2017）。本书分析结果表明，5 月份 SST 和 7 月份 SSTA 与 CPUE 有着最高的关联度（表 6-9），这与郭爱和陈新军（2005）的研究有类似之处。鲣鱼的捕捞作业为全年性，高产月份集中在 4～6 月。因此 5 月份 SST 的变化能够直接影响全年资源丰度，起到指示的作用，而 7 月份处在产量从高转低的过渡月，此时气候引起的温度变化不仅影响下半年的资源量，同时也会在一定程度上对补充量产生影响。其他环境因子（如 SSH 和 Chl-a）也会对鲣鱼资源丰度产生一定的影响，但并不是主要的因素，这在其他的研究中也有所描述。

6.4.2　灰色系统预测模型的建立和验证

针对多环境因子的情况，不同模型的预测结果如表 6-10 所示。从相对误差平均值来看，其值由小到大分别为模型 4、模型 1、模型 3、模型 2 和模型 5，不包含 SST 和 SSTA

的模型(模型 2 和模型 5)的相对误差值较大，而不包含 Chl-a 的模型 4 的相对误差最小。从模型误差的结果中可以看出，在相对误差较大的年份(2003 年和 2013 年)中，模型 1 和模型 4 均呈现相对较小的误差，这在资源丰度预测中也能得到很好的体现(图 6-14)。综上所述，模型 1 包含四种环境因子的模型，为最优预测模型，能够较好地还原鲣鱼历年资源丰度的变化情况。

表 6-10　利用灰色系统预测模型的中西太平洋鲣鱼资源丰度相对误差比较(%)

	1999 年	2000 年	2001 年	2002 年	2003 年	2004 年	2005 年	2006 年	2007 年	2008 年	2009 年	2010 年	2011 年	2012 年	2013 年	平均值
模型 1*	0.7455	5.3496	0.8146	0.1513	24.2886	0.2610	0.9374	0.3035	0.0730	1.6630	0.8883	3.3331	9.0385	0.9836	54.7726	6.4752
模型 2	0.9962	0.9310	0.3345	0.3398	70.2649	2.1910	0.9180	0.7889	0.6441	7.0721	0.4110	0.6569	5.8481	0.9173	29.4912	7.6128
模型 3	0.9967	1.0150	0.3490	0.4511	58.9840	3.9507	0.8964	0.8239	0.6430	4.2525	0.4142	0.6003	7.0671	0.9090	30.8996	7.0158
模型 4	1.0000	0.2825	0.7696	7.3845	49.3683	4.4002	0.9412	0.3088	0.7522	2.0329	0.5875	0.8735	3.0343	0.9064	17.9054	5.6592
模型 5	0.8486	3.7381	0.0424	0.8012	81.1433	0.7505	0.9105	0.8441	0.4921	12.4080	0.7866	0.0529	8.3486	0.9512	45.7432	9.8663

注：*为选择的最优模型

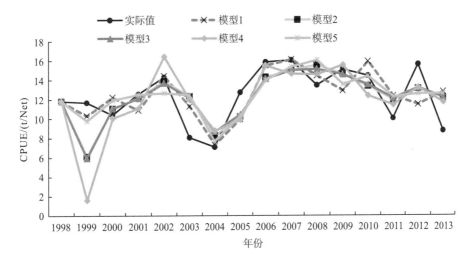

图 6-14　不同模型对中西太平洋鲣鱼资源丰度的预测结果

在预测模型构建中，本书研究尝试比较不同环境因子对预测模型产生的影响，因此利用多环境因子模型和单一环境因子模型分别进行分析。在多环境因子模型中，经过综合分析，包含所有四项因子(SST、SSTA、SSH 和 Chl-a)的模型 1 被选为最佳模型，预测值与实际值的相对误差较小，而相关系数为最大。去除 SSH 的模型 3 和去除 Chl-a 的模型 4 的相对误差也相对较小，而其他剩余的两个模型(模型 2 和模型 5)相对误差则较大，这也证实了 SST 和 SSTA 对鲣鱼资源丰度有着重要的影响。适宜的温度会使该海域的饵料生物能够正常地存活生长，这为鲣鱼的生长提供了丰富的食物来源，也能够保证鲣鱼的生存(Longhurst et al.，1995)。但是这些模型的相关系数较小，且在某些年份(如 1999 年和 2002年)，模型 3 和模型 4 的预测结果较差，不能很好地反映真实的资源状态，无法证实模型的有效性，因此也不予考虑(图 6-11)。

　　本书利用灰色系统模型构建了中西太平洋鲣鱼资源丰度的预测模型,比较了用不同环境因子构建预测模型的结果,结果可为中西太平洋鲣鱼资源丰度变化提供参考依据。在后续的研究中可以适当增加相应的环境因子以更好地对资源量进行预报,但仍需对增加的因子谨慎对待[如太平洋十年际振荡(Pacific decadal oscillation,PDO),主要适用于北太平洋海域](余为和陈新军,2015;高雪等,2017),同时应尝试利用其他预测模型,如线性模型(余为等,2015)、神经网络模型(谢斌等,2015)等进行资源量预测,并结合其他方法(Li et al.,2017)进行综合比较,选取最优模型及因子,从而能够更准确地预测中西太平洋鲣鱼资源量的变化规律。

参 考 文 献

巢纪平. 2002.ENSO—热带海洋和大气中和谐的海气相互作用现象[J].海洋科学进展, 20(3): 1-8.

陈程,陈新军,汪金涛,等.2016.基于栖息地指数模型的摩洛哥底拖网渔场研究[J].广东海洋大学学报,36(1):63-67.

陈新军.2003.灰色系统理论在渔业科学中的应用[M].北京: 中国农业出版社.

陈新军.2004.渔业资源与渔场学[M].北京: 海洋出版社.

陈新军,郑波. 2007.中西太平洋金枪鱼围网渔业鲣鱼资源的时空分布[J].海洋学研究, 25(2): 13-22.

陈新军,钱卫国,许柳雄.2003.北太平洋 150°E-165°E 海域柔鱼重心渔场的年间变动[J].湛江海洋大学学报, 23(3):26-32.

陈新军,刘必林,田思泉,等.2009.利用基于表温因子的栖息地模型预测西北太平洋柔鱼(*Ommastrephes bartramii*)渔场[J].海洋与湖沼, 40(6): 707-713.

陈新军,陈峰,高峰,等.2012.基于水温垂直结构的西北太平洋柔鱼栖息地模型构建[J].中国海洋大学学报(自然科学版), 42(6): 52-60.

陈新军,高峰,官文江,等.2013.渔情预报技术及模型研究进展[J].水产学报, 37(8):1270-1280.

陈洋洋,陈新军.2017.厄尔尼诺/拉尼娜现象对中西太平洋鲣资源丰度的影响[J].上海海洋大学学报,26(1): 113-120.

戴澍蔚,陈新军. 2017.中西太平洋金枪鱼围网高产渔区年间变化及其原因分析[J].海洋学报,39(2):120-128.

丁琪,陈新军,汪金涛.2015.阿根廷滑柔鱼(*Illex argentinus*)适宜栖息地模型比较及其在渔场预报中的应用[J].渔业科学进展, 36(3):8-13.

杜荣骞. 2003.生物统计学(第二版)[M].北京: 高等教育出版社.

樊伟,崔雪森,沈新强. 2005.渔场渔情分析预报的研究及其进展[J].水产学报, 29(5): 706-710.

方学燕,陈新军,丁琪.2014.基于栖息地指数的智利外海茎柔鱼渔场预报模型优化[J].广东海洋大学学报, 34(4): 67-73.

冯波,陈新军,许柳雄.2007.应用栖息地指数对印度洋大眼金枪鱼分布模式的研究[J].水产学报,31(6):805-812.

郭爱,陈新军.2005.ENSO 与中西太平洋金枪鱼围网资源丰度及其渔场变动关系[J].海洋渔业,27(4): 338-342.

郭爱,陈新军.2009.利用水温垂直结构研究中西太平洋鲣鱼栖息地指数[J].海洋渔业, 31(1): 1-9.

郭爱,陈新军,范江涛.2010.中西太平洋鲣鱼时空分布及其与 ENSO 关系探讨[J].水产科学, 29(10): 591-596.

高峰,陈新军,官文江,等.2015.基于提升回归树的东、黄海鲐鱼渔场预报[J].海洋学报,37(10): 39-48.

高雪,陈新军,余为.2017.基于灰色系统的西北太平洋柔鱼冬春生群资源丰度预测模型[J].海洋学报,39(6):55-61.

何大仁,蔡厚才.1998.鱼类行为学[M].厦门: 厦门大学出版社.

黄锡昌,苗振清. 2003.远洋金枪鱼渔业[M].上海: 上海科学技术文献出版社.

黄易德.1989.中西太平洋鲣鱼时空分析[D].基隆: 台湾海洋大学.

黄逸宜.1995.中西太平洋鲣鲔围网渔业渔获分布及其与水温之关系[D].基隆: 台湾海洋大学.

胡贯宇,陈新军,汪金涛.2015.基于不同权重的栖息地指数模型预报阿根廷滑柔鱼中心渔场[J].海洋学报, 37(8):88-95.

胡振明,陈新军,周应祺,等.2010.利用栖息地适宜指数分析秘鲁外海茎柔鱼渔场分布[J].海洋学报, 32(5):67-75.

靳少非,樊伟.2014.鲣鱼资源开发利用研究现状及未来气候变化背景下研究展望[J].渔业信息与战略,29(4): 272-279.

金龙如,孙克萍,贺红士,等. 2008.生境适宜度指数模型研究进展[J].生态学杂志, 27(5): 829-834.

金岳,陈新军.2014.利用栖息地指数模型预测秘鲁外海茎柔鱼热点区[J].渔业科学进展,35(3):19-26.

李国添.1997.海洋渔场:上册.[M].台北:华香园出版社.

李克让,周春平,沙万英.1998.西太平洋暖池基本特征及其对气候的影响[J].地理学报,53(6):511-519.

李政纬.2005.ENSO 现象对中西太平洋鲣鲔围网渔况之影响[D].基隆:台湾海洋大学.

龙华.2005.温度对鱼类生存的影响[J].中山大学学报,44(S1):254-257.

毛江美,陈新军,余景.2016.基于神经网络的南太平洋长鳍金枪鱼渔场预报[J].海洋学报,38(10):34-43.

苗振清,黄锡昌.2003.远洋金枪鱼渔业[M].上海:上海科学技术文献出版社.

农业部渔业渔政管理局.2014.中国渔业年鉴[M].北京:海洋出版社.

沈建华,陈雪冬,崔雪森.2006.中西太平洋金枪鱼围网鲣鱼渔获量时空分布分析[J].海洋渔业,28(1):13-19.

世界大洋性渔业概况编写组.2011.世界大洋性渔业概况[M].北京:海洋出版社.

苏艳莉.2015.环境温度对鱼类的影响及预防研究[J].农技服务,32(7):191-192.

唐浩,许柳雄,陈新军,等.2013.基于 GAM 模型研究时空及环境因子对中西太平洋鲣鱼渔场的影响[J].海洋环境科学,32(4):518-522.

唐启义,冯明光.2006.DPS 数据处理系统-实验设计、统计分析及模型优化[M].北京:科学出版社.

汪金涛,陈新军.2013.中西太平洋鲣鱼渔场的重心变化及其预测模型建立[J].中国海洋大学学报,43(8):44-48.

王学昉,许柳雄,朱国平.2009.鲣鱼(Katsuwonus pelamis)生物学研究进展[J].生物学杂志,26(6):68-71,79.

王学昉,许柳雄,朱国平,等.2010.中西太平洋鲣鱼的年龄鉴定和生长特性[J].应用生态学报,21(3):756-762.

王学昉,许柳雄,周成,等.2013.中西太平洋金枪鱼围网鲣鱼自由鱼群捕获成功率与温跃层特性的关系[J].上海海洋大学学报,22(5):763-769.

王为祥,朱德山.1984.黄海鲐鱼渔业生物学研究:Ⅱ.黄、渤海鲐鱼行动分布与环境关系的研究[J].海洋水产研究,6:59-76.

王宇.2000.世界金枪鱼渔业资源开发利用研究[M].北京:海洋出版社.

韦晟,周彬彬.1988.黄渤海蓝点马鲛短期渔情预报的研究[J].海洋学报,10(2):216-221.

谢斌,汪金涛,陈新军,等.2015.西北太平洋秋刀鱼资源丰度预报模型构建比较[J].广东海洋大学学报,35(6):58-63.

徐洁,陈新军,杨铭霞.2013.基于神经网络的北太平洋柔鱼渔场预报[J].上海海洋大学学报,22(3):432-438.

薛薇.2005.SPSS 统计分析方法及应用[M].北京:电子工业出版社.

杨建刚.2001.人工神经网络实用教程[M].杭州:浙江大学出版社.

杨胜龙,周甦芳,周为峰,等.2010.基于 Argo 数据的中西太平洋鲣渔获量与水温、表层盐度关系的初步研究[J].大连水产学院学报,25(1):34-40.

叶泰豪,冯波,颜云榕,等.2012.中西太平洋鲣渔场与温盐垂直结构关系的研究[J].海洋湖沼通报,1:49-55.

易倩,陈新军.2012.基于信息增益法选取柔鱼中心渔场的关键水温因子[J].上海海洋大学学报,21(3):425-430.

余为,陈新军.2012.印度洋西北海域鸢乌贼 9-10 月栖息地适宜指数研究[J].广东海洋大学学报,32(6):74-80.

余为,陈新军.2015.西北太平洋柔鱼栖息地环境因子分析及其对资源丰度的影响[J].生态学报,35(15):5032-5039.

袁兴伟,刘尊雷,姜亚洲,等.2014.冬季东海外海鱼类群落特征及其对拉尼娜事件的响应[J].中国水产科学,21(5):1039-1047.

翟盘茂,江吉喜,张人禾.2000.ENSO 监测和预测研究[M].北京:气象出版社.

张启龙,翁学传,侯一筠,等.2004.西太平洋暖池表层暖水的纬向运移[J].海洋学报,26(1):33-39.

周甦芳.2005.厄尔尼诺-南方涛动现象对中西太平洋鲣鱼围网渔场的影响[J].中国水产科学,12(6):739-744.

周甦芳,沈建华,樊伟.2004.ENSO 现象对中西太平洋鲣鱼围网渔场的影响分析[J].海洋渔业,26(3):167-172.

Aikawa H.1937. Notes on the shoal of bonito along the Pacific coast of Japan[J].Bulletin of the Japanese Society of Scientific

Fisheries, 6(1): 13-21.

Ankenbrandt L.1985.Food habits of bait-caught skipjack tuna, *Katsuwonus pelamis*,from the southwestern Atlantic Ocea[J].Fishery Bulletin, 83(3): 379-393.

Andrade H A,Garcia C A E.1999.Skipjack tuna fishery in relation to sea surface temperature off the southern brazilian coast[J].Fish Oceanogr, 8(4): 245-254.

Aoki M.1999.Feeding habits of larval and juvenile skipjack tuna[J].Bulletin of Institute of Oceanic Research and Development, (20): 173-185.

Barkley R A,Neill W H,Gooding R M.1978.Skipjack tuna, *Katsuwonus pelamis*, habitat based on temperature and oxygen requirements[J]. Fishery Bulletin, 76(3): 653-662.

Batts B S.1972.Age and growth of the skipjack tuna, *Katsuwonus pelamis* (Linnaeus), in North Carolina waters[J].Chesapeake Science, 13(4): 237-244.

Beckley L E,Leis J M.2000.Occurrence of tuna and mackerel larvae (family: scombridae) off the east coast of South Africa[J]. Marine and Freshwater Research, 51(8): 777-782.

Bernard H J,Hedgepeth J B,Reilly S B.1985.Stomach contents of albacore, skipjack, and bonito caught off southern California during summer 1983[J].CaCOFL Report, 26: 175-182.

Blackburn M,Williams F.1975.Distribution and ecology of skipjack tuna, *Katsuwonus pelamis*, in an offshore area of the eastern tropical Pacific Ocean[J].Fishery Bulletin, 73(2): 382-411.

Brill R W.1994.A review of temperature and oxygen tolerance studies of tunas pertinent to fisheries oceanography, movement models and stock assessments[J]. Fisheries Oceanography, 3(3): 204-216.

Brill R W,Lutcavage M E.2001.Understanding environmental influences on movements and depth distributions of tunas and billfishes can significantly improve population assessments[C].American Fisheries Society Symposium 25. Bethesda, Maryland: American Fisheries Society:179-198.

Brill R W, Lowe T E, Cousins K L.1999.How water temperature really limits the vertical movements of tunas and billfishes-it's the heart stupid[C].Cardiovascular Function in Fishes-Symposium Proceedings, International Congress on the Biology of Fish. Bethesda, Maryland: American Fisheries Society:57-62.

Brieman L,Friedman J,Olshen R,et al.1984.Classification and regression trees[M].Belmont:Chapman & Hall/CRC.

Brock V E.1949.A preliminary report on *Parathunnus sibi* in Hawaiian waters and a key to the tunas and tuna-like fishes of Hawaii[D]. Hawaii: University of Hawaii Press.

Brock V E.1959.The tuna resources in relation to oceanographic features[R].Tuna Industry Conference Papers, US Fish Wildl Serv Circ, 65: 1-11.

Brouwer S,Pilling G,Hampton J,et al.2017.Stock assessment of skipjack tuna in the western and central Pacific Ocean[R].Tuna Fisheries Assessment Report No.17,Noumea,Cedex,New Caledonia,South Pacific Commission: 2-3.

Brown S K,Buja K R,Jury S H,et al.2000.Habitat suitability index models for eight fish and invertebrate species in Casco and Sheepscot Bays Maine [J].North American Journal of Fisheries Management,20(2):408-435.

Chang J H,Chen Y,Holland D,et al.2010.Estimating spatial distribution of American lobster Homarus americanus using habitat variables[J]. Marine Ecology Progress Series, 420: 145-156.

Chavez F P,Strutton P G,Friederich G E,et al.1999.Biological and chemical response of the equatorial Pacific Ocean to the 1997-98 El Niño[J].Science, 286(5447): 2126-2131.

Chen X J,Tian S Q,Liu B L,et al.2011.Modeling a habitat suitability index for the eastern fall cohort of *Ommastrephes bartramii* in the central North Pacific Ocean[J].Chinese Journal of Oceanology and Limnology, 29(3): 493-504.

Chi K S,Yang R T.1973.Age and growth of skipjack tuna in the waters around the southern part of Taiwan[J].Acta Oceanographica Taiwanica, 3: 199-221.

Chur V N,Zharov V L.1983.Determination of age and growth of the skipjack tuna,*Katsuwonus pelamis*(Scombridae) from the southern part of the Gulf of Guinea[J].Journal of Ichthyology, 23(3): 53-67.

Collette B B, Nauen C E.1983.FAO species catalogue.Vol.2. Scombrids of the World-an annotated and illustrated(catalogue of tunas, mackerels, bonitos, and related species) known to date[R].FAO Fisheries Synopsis No.125.Rome: FAO:83-86.

Crespi-abril A C,Ortiz N, Galván D E.2015.Decision tree analysis for the determination of relevant variables and quantifiable reference points to establish maturity stages in *Enteroctopus megalocyathus* and *Illex argentinus*[J].ICES Journal of Marine Science, 72(5): 1449-1461.

Dai X J,Ye X C,Xu L X.2007.China Tuna Fisheries in the Westernand Central Pacific Ocean in 2006[R].Scientific committee third regular session of Western and Central Pacific Fisheries Commssion(WCPFC), Honolulu, United States of America.

Durand F,Delcroix T.2000.On the variability of the tropical Pacific thermal structure during the 1979-96 period, as deduced from XBT sections[J]. Journal of Physical Oceanography, 30(12): 3261-3269.

Elith J,Leathwick J R,Hastie T.2008.A working guide to boosted regression trees[J].Journal of Animal Ecology, 77: 802-813.

Evans R H, Mclain D R, Bauer R A.1981.Atlantic skipjack tuna: influences of mean environmental conditions on their vulnerability to surface fishing gear[J].Marine Fisheries Review, 43(6): 1-11.

Fedorov A V, Philander S G. 2000.Is El Niño changing [J]. Science, 288(5473): 1997-2002.

Friedman J H.2001.Greedy function approximation: a gradient boosting machine[J].Annals of Statistics,29(5): 1189-1232.

Fonteneau A.2003.A comparative overview of skipjack fisheries and stocks worldwide[R].SCTB16 Working Paper: 2-3.

Gillis D M,van der Lee A, Walters C.2012.Advancing the application of the ideal free distribution to spatial models of fishing effort: the isodar approach[J]. Can J Fish Aquat Sci., 69(10): 1610-1620.

Green R E.1967.Relationship of the thermocline to success of purse seining for tuna[J].Transactions of the American Fisheries Society, 96(2): 126-130.

Guisan A,Edwards T C,Hastie T.2002.Generalized linear and generalized additive models in studies of species distributions: setting the scene[J].Ecological Modelling, 157(2-3): 89-100.

Hagan M T,Demuth H B,Bealem H.1996. Neural Network Design[M].Boston, London: PWS Pub.

Hampton J.1997.Estimates of tag-reporting and tag-shedding rates in a large-scale tuna tagging experiments in the western tropical Pacific Ocean[J].Fish Bulletin, 95 (1):68-79.

Hampton J,Lewis A,Williams P.1999.The western and central Pacific tuna fishery:over view and status of stocks[R].Oceanic Fisheries Programme SPC:39.

Han Sen D V,Swenson M S.1996.Mixed layer circulation during EqPac and some thermochemical implication for the equatorial cold tongue[J].Deep Sea Rea, 43: 707-724.

Iizuka K,Asano M,Naganuma A.1989.Feeding habits of skipjack tuna (*Katsuwonus pelamis* Linnaeus) caught by pole and line and the state of young skipjack tuna distribution in the tropical seas of the western Pacific Ocean[J].Bull Tohoku Reg Fish Res Lab, 51: 107-116.

Jin F F.1996.Tropical ocean-atmosphere interaction,the Pacific cold tongue,and the El Nino-Southern Oscillation[J].Science,

274:76-78.

Josse E,Le Guen J C,Kearney R,et al.1979.Growth of skipjack[R].Occasional Paper No.11,Noumea, New Caledonia: South Pacific Commission.

Joseph J,Miller F R.1989.El Nino and the surface fishery for tunas in the Eastern Pacific[J].Fisheries Oceanography, 53: 77-80.

Lehodey P,Bertignac M,Hampton J,et al.1997.EL Niño Southern oscillation and tuna in the Western Pacific[J].Nature, 389(6652): 715-718.

Li Z,Ye Z,Wan R,et al.2015.Model selection between traditional and popular methods for standardizing catch rates of target species: a case study of Japanese Spanish mackerel in the gillnet fishery[J].Fisheries Research, 161(2):312-319.

Li Z G,Wan R,Ye Z J.et al.2017.Use of random forests and support vector machines to improve annual egg production estimation[J].Fisheries Science, 83(1): 1-11.

Longhurst A,Sathyendranath S,Platt T,et al.1995.An estimate of global primary production in the ocean from satellite radiometer data[J]. J. Plankton Res., 17: 1245-1271.

Lu H J,Lee K T,Liao C H.1998.On the relationship between EL Niño/Southern oscillation and South Pacific albacore[J].Fisheries Research, 39(1): 1-7.

Marr J C.1948.Observations on the spawning of oceanic skipjack (Katsuwonus pelamis) and yellowfin tuna (Neothunnusm acropterus) in the northern Marshall Islands[J]. Fish Bulletin,51(44): 201-206.

Martínez-Rincón R O,Ortega-García S,Vaca-Rodríguez J G.2012.Comparative performance of generalized additive models and boosted regression trees for statistical modeling of incidental catch of wahoo (Acanthocybium solandri) in the Mexican tuna purse-seine fishery[J]. Ecological Modelling, 233(2):20-25.

Maunder M N, Punt A E.2004.Standardizing catch and effort data: a review of recent approaches[J].Fisheries Research, 70(2-3): 141-159.

McPhaden M J, Picaut J.1990.El Nino-Southern Oscillation displacements of the Western Equatorial Pacific warm pool[J].Science, 50: 1385-1388.

Mohri M.1999.Seasonal change in bigeye tuna fishing areas in relation to the oceanographic parameters in the Indian Ocean[J].Journal of National Fisheries University, 47(2): 43-54.

Murphy G I,Niska E L.1953.Experimental tuna purse seining in the Central Pacific[J].Commercial Fishing Review, 15: 1-12.

Nishida T,Chen D G.2004.Incorporating spatial autocorrelation into the general linear model with an application to the yellowfin tuna (Thunnus albacares) longline cpue data[J].Fisheries Research,70(2-3): 265-274.

Picaut J,Ioualalen M,Menkes C,et al.1996.Mechanism of the zonal displacement of the Pacific warm pool: implications for ENSO[J].Science,274(5292): 1486-1489.

Raju G.1964.Studies on the spawning of the oceanic skipjack Katsuwonus pelamis (Linnaeus) in Minicoy waters[C]//Proceedings of the Symposium on Scombroid Fishes.Symposium Series of Marine Biology Association in India, Mandapam,1: 744-768.

Sato T,Hatanaka H.1983.A review of assessment of Japanese distant water fisheries for cephalopods. In: Caddy J F. Advances in assessment of world cephalopod resources[R].FAO Fisheries Technical Paper, No.231.

Schaefer M B,Orange C J.1956.Studies on the sexual development and spawning of yellow tuna (Neothunnusm acropterus) and skipjack (Katsuwonu spelamis) in three areas of the eastern Pacific Ocean, by examination of gonads[J].Bulletin of IATTC, 19(6): 281-349.

Sugimoto T,Tameishi H.1992.Warm-core rings, streamers and their role on the fishing ground formation around Japan[J].Deep Sea

Research Part A. Oceanographic Research Papers, 39（S1）: S183-S201.

Sundermeyer M A,Rothschild B J,Robinson A R.2006.Assessment of environment correlates with the distribution of fish stocks using a spatially explicit model[J]. Ecological Modelling, 197（1/2）: 116-132.

Swimmer Y,Mcnaughton L,Moyes C,et al.2004.Metabolic biochemistry of cardiac muscle in three tuna species（bigeye, *Thunnus obesus*; yellowfin, T. albacares; and skipjack, *Katsuwonus pelamis*）with divergent ambient temperature and oxygen tolerances[J].Fish Physiology and Biochemistry, 30（1）: 27-35.

Tian S Q,Chen X J,Chen Y,et al.2009.Evaluating habitat suitability indices derived from CPUE and fishing effort data for *Ommatrephes bratramii* in the northwestern Pacific Ocean[J].Fisheries Research,95（2/3）: 181-188.

Trenberth K E.1997.The definition of El Nino[J].Bull. Amer. Meteorol. Sci., 78 : 2771-2777.

Turk D,Mcphaden M J,Busalacchi A J,et al.2001.Remotely sensed biological production in the Equatorial Pacific[J].Science, 293（5529）: 471-474.

Uchiyama J H,Struhsaker P.1981.Age and growth of skipjack tuna, *Katsuwonus pelamis*, and yellowfin tuna, *Thunnus albacares*, as indicated by daily growth increments of sagittae[J]. Fishery Bulletin, 79（1）: 151-162.

Wang N,Xu X L,Patrick K.2009.Effect of temperature and feeding frequency on growth performance, feed efficiency and body composition of pikeperch juveniles（*Sander lucioperca*）[J]. Aquaculture, 289（1/2）: 70-73.

Wild A,Foreman T J.1980.The relationship between otolith increments and time for yellowfin and skipjack tuna marked with tetracycline[J]. Inter-American Tropical Tuna Commission Bulletin, 17（7）: 507-560.

Yao M.1981.Growth of skipjack tuna in the western Pacific Ocean[J].Bulletin of Tohoku Regional Fisheries Research Laboratory, 43: 71-82.